Edizioni PensareDiverso
Cenacolo Jung Pauli

Bruno Del Medico

Kemur þetta líka fyrir þig?

Furðulegu tilviljanirnar, forboðin, fjarskiptin, spádómsdraumarnir.
Skammtaaflækjur og kenning Carl Jungs um samstillingu útskýra þessar dularfullu staðreyndir.

.

Bruno Del Medico Editore
Edizioni PensareDiverso
edizioni@delmedico.it

Efni þessarar bókar.

Efni þessarar bókar. 5

Inngangur að textanum. 7

Tilviljanakenndar tilviljanir og verulegar tilviljanir. 9

Furðulegt tilfelli gamallar ljósmyndar. *11*

Tvær ótengdar staðreyndir geta skapað „mikilvægan atburð“. *14*

Lítil stytta flaug út um gluggann. *16*

Samstilling Carl Jungs. 20

Sameiginlegt meðvitundarleysi og erkitýpur. 24

Meðvitundarstigið, eða meðvitundin *25*

Hugmynd sem er jafngömul manninum. *29*

Erkitýpurnar. *31*

Hvernig "samstillingarviðburðir" gerast. *38*

Örlög eða "samstilling"? *41*

Hin ótrúlega saga Söru Richley, I. þáttur *42*

Hin ótrúlega saga Söru Richley, II 46

Samstillingar eru útstreymi alhliða huga *50*

Allt í lagi, en… hvar eru sönnunargögnin? . 54

Sögulega tímabil þekkt sem „öld uppljómunar“. *55*

Upplýsingaöld og bókmenntastofur. *58*

Ekki er hægt að brjóta lögmál klassískrar eðlisfræði *62*

Collaborazione tra scienza e psSamvinna vísinda og sálar mannsinsiche 66

"Quantum Entanglement". 70

Eftir kenninguna koma tilraunasýningarnar *76*

Vídd sem nær út fyrir efni. *78*

Hvaða hlutverki gegna tilviljanir í lífi mínu? 80

Hvernig á að ráða sálræna samstillingu *84*

Þrjú stig raunveruleikans. 87

Skammtastig og "non-local" stig *90*

Sjöunda skilningarvitið. *91*

Bibliografia 93

Inngangur að textanum.

Mannkynið hefur skilið frá fyrstu þróun meðvitundar að sumir mikilvægir atburðir eru ekki vegna tilviljunar. Óútskýrðir atburðir eru merki frá hærra heimspekilegu eða guðlegu stigi. Þetta er greindur hugur sem reynir að eiga samskipti við mannlega meðvitund.

Því miður hafa þessi viðhorf verið afmáð af efnishyggjuvísindum á síðustu þremur öldum. En árið 1980 sýndu skammtaeðlisfræðitilraunir að alheimurinn er ekki aðeins gerður úr efni heldur hefur sálrænan þátt.

Í þessari nýju vídd hafa orka og upplýsingar engin pláss eða tímamörk.

Skammtaeðlisfræði staðfestir marga forna innsýn. Það staðfestir til dæmis hugmyndina um

„sál heimsins“ sem gríski heimspekingurinn Platon þróaði, sem og kenninguna um „sameiginlega undirmeðvitund“ sem Carl Gustav Jung þróaði.

Þessi bók forðast vísindalegar formúlur og tækniatriði og fylgir lesandanum við að skilja þau mörgu stig sem mynda einn veruleika. Í raun, auk líkamlegs stigs sem við þekkjum, eru margir aðrir. Til dæmis er til „skammtastig“, sem er dæmigert fyrir frumeindir, þar sem fyrirbæri sem efnisfræðileg vísindi telja ómöguleg eiga sér stað. Í ríki frumkorna finnum við stigið sem kallast "quantic nowhere", þar sem tími og rúm eru ekki lengur til.

Á þessari braut þekkingar verða jafnvel óskynsamlegar birtingarmyndir, eins og fjarskipti og sýn á það sem mun gerast í framtíðinni, mikilvægur hluti af óvæntum veruleika.

Tilviljanakenndar tilviljanir og verulegar tilviljanir.

Tilviljun samanstendur af tveimur staðreyndum eða atburðum sem tengdar eru saman til að ákvarða rökrétta röð. Tilviljun getur verið viljandi, skipulögð eða vegna tilviljunarkenndra aðstæðna. Sígild dæmi um æskilegar og forritaðar tengingar eru þær sem fyrirskipaðar eru af vegasamgöngulínum; á grundvelli ákveðinna tímaáætlana fylgir komu eins ökutækis eftir brottför annars. Ekkert venjulegra. Svo eru það tilviljunarkenndar tilviljanir sem gerast þegar þær voru ekki skipulagðar. Ég fer til dæmis í matvörubúðina, fer í afgreiðsluborðið og bókunin mín er með númerið 64. Svo fer ég í bakaríið og hér er pöntunin líka með númerið 64. Allt mjög venjulegt; tilviljunin gæti orðið forvitnileg ef ég þarf á leiðinni út að taka strætó 64. Í þessari rútu hitti ég vin sem verður 64 ára þennan dag. Ég óska vini mínum til hamingju með afmælið, fer úr rútunni og stoppa við blaðastandinn í Via Roma 64. Hér kaupi ég númer 64 af uppáhalds tímaritinu mínu. Á þessum tímapunkti er ég að velta því fyrir mér hvort það sé eitthvað skrítið við að númer 64 endurtaki sig svona.

Í sannleika sagt gerast slíkar raðir með ákveðinni tíðni, en við tökum ekki eftir því, því við erum upptekin við að hugsa um eitthvað annað. Þess vegna renna þessar tilviljanir tengdar tölu eða álíka, þótt undarlegt sé, yfir okkur og öðlast ekki merkingu fyrir okkur, það er að segja þær verða ekki marktækar.

Þessar tilviljanir gætu orðið mikilvægar ef við gerum okkur grein fyrir endurtekningu tölunnar og byrjum að vinna með heilann og spyr okkur hvaða vit allt þetta hafi.

Furðulegt tilfelli gamallar ljósmyndar.

Giovanna B. var að leiðast. Þann sunnudagseftirmiðdag, vegna lítilsháttar tognunar, hafði hún neyðst til að vera heima. Eftir að hafa blaðað í gegnum allar bækurnar og leitað til einskis í sjónvarpinu að áhugaverðum þætti ákvað hann að gera eitthvað gagnlegt. Til dæmis gæti hann hengt upp plakat sem hann hafði beðið í nokkra mánuði upprúllað í hulstrinu. En þetta þótti henni of mikið verkefni. Hann valdi annað lítið verk sem hann hafði ætlað að klára í marga mánuði, það er að skipta um fóðurpappír í skrifborðsskúffunni sinni.

Skúffan var breið og djúp. Hann tók það upp og byrjaði að setja allt innihaldið í kassa. Þegar hún dró út einstaka hluti, undraðist Giovanna því hún var loksins að uppgötva hvar svo margir smáhlutir sem hún hafði talið glatað hefðu farið.

Hann kláraði tæminguna, losaði gamla pappírinn frá teikniprjónunum sem héldu honum og krumpaði hann til að henda honum. Með mikilli undrun uppgötvaði hann lítinn ferhyrning af pappír sem hafði runnið beint undir pappírsfóðrið: þetta var gömul mynd, verið þarna í hver veit hversu mörg ár. Reyndar, í þeirri mynd var Giovanna miklu yngri og var sýnd ásamt nokkrum vinum í ferðalagi sem nær aftur til að minnsta kosti tuttugu árum áður. Hann byrjaði að skoða persónurnar á myndinni með söknuði. Jú, það var Paolo, og það var Sergio, Sguincio, og það var Arianna þekktur sem La Micia... Þeir voru allir vinir sem hann var enn í heimsókn, jafnvel þótt allir búi við mismunandi aðstæður núna.

En þessi gaur á milli Lauru og Silvio, sá bústna, hver var hann? Hann neyddi sig til að muna og á endanum var uppljómunin: en já, það var "Pebble". Í lok menntaskóla hafði þessi vinur skipt um borg vegna vinnuþarfa fjölskyldunnar og smátt og smátt höfðu samskiptin dofnað og síðan rofnað.

Giovanna var í langan tíma upptekin við að fantasera um þetta tímabil lífs síns, skóla, vini (þeir sem hún mundi eftir) og nú þennan „Pebble“ sem birtist svo skyndilega á þessum leiðinlega síðdegi. Hann skipti um blað, setti skúffuna aftur og hugsaði ekki meira um það um kvöldið.

Síðdegis eftir, þegar hún var að sinna heimilisstörfum eins og hún gat, hringdi síminn. Myndirðu trúa því? Á hinum enda línunnar byrjaði rödd að segja:

„Hæ, ert þú Jóhanna? Ég veit ekki hvort þú manst eftir mér, við fórum saman í menntaskóla og þú kallaðir mig Pebble... Í gær, þegar ég hugsa til þeirra tíma, langaði mig að finna gömlu vini mína aftur. Ég leitaði í gömlu heimilisfangaskránni og símanúmerið sem ég fann fyrst er þitt…“

Tvær ótengdar staðreyndir geta skapað „mikilvægan atburð".

Það er augljóst að það eitt að uppgötva ljósmyndina var ekkert annað en forvitnileg staðreynd. En símtalið daginn eftir kemur á tengingu sem fyrir Giovanna hefur „dularfulla merkingu" og gerir tilviljunina mikilvæga.

Öll erum við oft vitni eða sögupersónur svipaðra atburða; fyrst erum við dálítið undrandi, en svo ákveðum við að þetta sé enn málið, þó forvitnilegt sé, og við geymum allt í einhverju hugarkroki.

Í raun og veru jafngildir „furðulegur atburður" ekki alltaf „venjulegu handahófi". Þetta sést af þeirri staðreynd að sumar tilviljanir valda vandamálum í huga okkar sem eru óleyst alla ævi, og koma stundum upp á yfirborðið aftur og örva forvitni okkar ásamt óljósri dulúð. Okkur grunar samskipti sem við höfum ekki fengið, vísbendingu eða mikilvæga ábendingu sem við höfum ekki getað skilið.

Að sögn hins þekkta sálfræðings Carl Gustav Jung, sem rannsakaði þetta fyrirbæri í langan tíma og útfærði margar af þeim kenningum sem lýst er síðar í þessari bók, eru tilviljanir oft tilviljanir, en stundum eru þær ekki tilgangslausar. Jung setti fram tilgátu um tilviljanir sem gætu talist marktækar eða jafnvel „hjúpaðar helgi“ og hann fann til nafnsins „samstillingu“ fyrir þær.

Jung hafði þann sóma að vera fyrstur til að rannsaka fyrirbæri undarlegra tilviljana sem enginn getur neitað á vísindalegan hátt, og útvegaði einnig hentugt tæki til að skilja hvenær tilviljun getur talist mikilvæg, eða „numinous“, þannig að hún verður að samstillingu.

Það er náttúrulega ekki nóg að greina á milli léttvægra tilviljana og "samstilltra" tilviljana. Við getum staðfest að léttvægar tilviljanir eru hluti af daglegu lífi og sprottnar af því að athafnir okkar skörast og samtvinnast athöfnum heimsins í kringum okkur: einkenni þeirra er að við tökum þær sem sjálfsögðum hlut og tökum ekki þátt í okkur.

Mikilvægar tilviljanir opna hins vegar risastóran glugga á víðsýni leyndardómsins og kynna okkur heima sem okkur grunaði aldrei að væru til. Á bak við hverja samstillingu eru heilir óþekktir alheimar til að kanna og gríðarlega þekkingu sem hægt er að nálgast. Því miður höfum við ekki augu til að ráða þessar víðmyndir né þekkjum við tungumálið sem samstillingarnar reyna að hafa samskipti við okkur í gegnum. Það eru samstillingarvandamál á milli huga okkar og huga sem skipuleggur samstillingu fyrir okkur.

Lítil stytta flaug út um gluggann.

Remigia, gamla konan sakristan í kirkjunni Santi Archangeli, fylgdist enn og aftur með stúlkunni sem, eins og oft gerðist, eftir að hafa komið inn, kraup niður á síðasta bekk, stundum þegar engin trúarstörf voru. Hann sá hana alltaf niðursokkna í bæn og hann tók líka eftir dapurlegum svip hennar. Þennan dag þóttist hún líka sjá glitta í tár og því beið Remigia, hrærð af náttúrulegri góðvild sinni en líka vissri forvitni, eftir að hann stæði upp. Þegar konan gekk í burtu kom Remigia að henni og reyndi að hefja samtal við hana til að komast að ástæðunni fyrir óþægindum hennar. Með vinsamlegum skoðanaskiptum og skoðunum safnaði hann trausti sínu: stúlkan, sem hét Sabrina, var ekki lengur mjög ung svo hún hefði elskað að finna kærasta og stofna fjölskyldu. Remigia huggaði hana og ráðlagði henni eins vel og hún gat þá og minntist þess að meðal hlutverka hennar sem sakristan var einnig það að fást við sölu á minjagripum, hún hugsaði vel um að losna loksins við litla styttu af San Raffaele, einni af þremur Erkienglar, sem óseldir eru á bak við gler í nokkur ár.

„Sjáðu Sabrinu - sagði hann og leiðbeindi henni í átt að sýningarskápnum - ég myndi stinga upp á að þú biðjir á hverjum degi til San Raffaele, sem er einmitt verndari trúlofaðra para og hlynntur hjónabandinu. Sérðu þessa styttu, sem er afrit af silfurfrumriti sem geymt er í Napólí? Það sýnir erkiengilinn Rafael með ungan mann og fisk við hlið sér. Ungi maðurinn hét Tobias og hafði farið í ferðalag til að giftast ungri konu að nafni Sara.

Því miður var Sara andsetin af púkanum Asmodeus, þannig að í hvert skipti sem hún giftist dó eiginmaður hennar á brúðkaupsnóttinni og það hafði þegar gerst sjö sinnum. Ungi maðurinn okkar vissi hins vegar ekki að hann yrði sá áttundi. Á ferðalaginu var Tobias í fylgd Raphael erkiengils. Í einu stoppi nálgaðist hann árbakka þar sem stór fiskur réðst á hann. Raffaele hjálpaði honum að drepa hann og sagði honum að draga úr lifur hans og geyma hana því það myndi færa honum gæfu.

Tobias náði áfangastað og bjó sig undir að fagna brúðkaupinu. Á meðan var tengdafaðir hans þegar að undirbúa gröfina fyrir hann líka. En í þetta skiptið kom gryfjan ekkert að gagni. Með vernd Raffaele eyddu þeir tveir fyrstu nóttina í bæn. Á meðan brenndu þeir lifrina af fiskinum sem Tobit hafði veitt í ánni í brennslunni. Þannig sigruðu ungu mennirnir tveir djöfulinn. Söru var sleppt og þau lifðu hamingjusöm í langan tíma.

Þú getur líka treyst á Raffaele. Settu þessa styttu heima og farðu með bænina sem ég mun gefa þér á hverjum degi: þú munt sjá að erkiengillinn mun brátt koma þér til hjálpar.

Hugsaðu bara að jafnvel á okkar tímum í Napólí þann 29. september fara margar stúlkur að heimsækja styttuna til að finna góðan eiginmann

Sabina samþykkti það, keypti styttuna, setti hana á skáp í húsinu og fór með bæn sína á hverjum degi. Ein vika, einn mánuður, þrír mánuðir…

Þangað til á fjórða mánuðinum, á augnabliki af sérstakri kjarkleysi, tók hann litlu styttuna og horfði á hana með fyrirlitningu og muldraði „What San Raffaele! Ekki einu sinni hann hjálpar mér!”.

Að þessu sögðu henti hann litlu styttunni út um gluggann.

Eftir nokkrar mínútur heyrði hann dyrabjölluna hringja. Hann opnaði dyrnar og sá virðulegan heiðursmann sem sagði með nokkurri vandræði:

„Fyrirgefðu, ég sá þessa fígúru detta út um glugga, ég held að hún hafi komið úr þessari íbúð, svo ég hélt að ég myndi koma með hana aftur.“

Sabina, agndofa, lét hann setjast niður og bauð honum í kaffi. Þeir töluðu um hitt og þetta og Sabrina frétti að þessi góði maður hét Giulio og var einlífi. Þau ákváðu að hittast aftur, fóru svo oft saman út og loks giftu þau sig.

Samstilling Carl Jungs.

Í tilviki Sabrinu, hvar byrjar tilviljunin, eða öllu heldur röð tilviljanna? Byrjar það þegar Sabrina ákveður að fara á hverjum degi í kirkju heilagra erkiengla? Þegar Remigia, forvitin, lætur Sabrina trúa henni fyrir vandamálum sínum? Eða þegar lítil stytta hafði verið óseld í mörg ár? Eða þegar Giulio fer framhjá glugganum um leið og Sabrina hendir litlu styttunni út?

Við erum að fást við margar staðreyndir, ekki tengdar hver annarri og frekar útþynntar í tíma, en ef við lítum á þær allar saman öðlast þær merkingu, það er að segja að þær verða þýðingarmiklar: þegar þær eru í heild sinni byggja þær upp samstillingu.

„Mikilvægur" er hugtak sem vísar til eitthvað sem gefur til kynna eða tjáir merkingu. Staðreynd er mikilvæg þegar hún táknar „merkið", „vísbendinguna" um eitthvað. Mikilvæg staðreynd er mælsk, merkileg, viðeigandi.

„Numinous" þýðir í staðinn: „umkringdur aura heilagleika" Það táknar eitthvað sem vekur bæði ótta og lotningu.

Í okkar tilfelli er heilagleiki augljóslega ekki sprottinn af því að við erum að tala um styttu dýrlingsins, heldur hefur hún víðari merkingu, það er að segja að hún lýsir þeirri staðreynd að hún sé verðug sérstakrar lotningar og geti framkallað andlegan ótta.

Þættirnir tveir sem ég hef kynnt, Giovanna og Sabrina, geta báðir talist samstilltir þættir, vegna þess að eiginleikar þeirra samsvara þeim sem Jung gaf til kynna til að greina hvort þáttur sé samstilltur eða ekki. Samkvæmt Jung eru einkenni samstillingar aðallega þrír.

Fyrsti eiginleiki er sá að tvær eða fleiri staðreyndir sem mynda samstillingu eru ekki tengdar með orsök og afleiðingu sambandi. Í dæminu sem sést núna er augljóst að símtalið sem barst frá Ciottolo er ekki bein afleiðing af uppgötvun ljósmyndarinnar í skúffu Giovanna. Að sama skapi getur höfnun Sabrinu á litlu styttunni og samtímis leið Giulio undir gluggann ekki talist hafa afleiðingar.

Annað atriðið er að staðreyndum fylgja tilfinningaleg viðbrögð þeirra sem hlut eiga að máli. Í fyrra tilvikinu veltir Giovanna fyrir sér hvað hún á erfitt með að skilgreina sem einfaldlega tilviljun. Í öðru tilvikinu tekur Sabrina svo skemmtilega þátt í þeirri undarlegu tilviljun að hún giftist Giulio.

Þriðja einkennin er táknrænt eðli staðreynda sem gerir þær erfiðar að skilja; en jafnvel þegar manni tekst ekki að skilja hvers vegna þeir gerðust, skynjar maður að þeir fela einhverja merkingu sem þyrfti að ráða. Eins og Jung vill hafa þessar staðreyndir „fjölda, heilaga“ karakter.

Sameiginlegt meðvitundarleysi og erkitýpur.

Til að skilja til fulls hugtakið samstillingu verðum við að kafa ofan í kenningar Jungs. Jung setur fram kenningu um hugtak, eða heild, sem þegar er til í þróun mannlegrar hugsunar, og kallar það „sameiginlega undirmeðvitund“. Í rannsóknum sínum gerir Jung tilgátu um að hægt sé að ímynda sér sálarlíf mannsins sem aðgreinda á þremur stigum.

Meðvitundarstigið, eða meðvitundin

Hið fyrra er meðvitundarstigið, eða meðvitundin. Hér er allt sem við vitum um okkur sjálf og umhverfið í kringum okkur. Carl Jung skrifar:

> „... Ritgerð mín er því sem hér segir: til viðbótar við strax meðvitund okkar, sem er nokkuð persónuleg í eðli sínu, jafnvel þótt við bætum persónulegu undirmeðvitundinni við sem viðhengi, er annað sálarkerfi.
>
> Þetta kerfi er sameiginlegt, alhliða og ópersónulegt og er eins hjá öllum

einstaklingum. Þetta sameiginlega meðvitundarleysi þróast ekki fyrir sig, heldur erfist. Það samanstendur af formum sem fyrir eru, erkitýpurnar, sem geta aðeins orðið meðvitaðar síðar."

"The collective unconscious is a part of the psyche. It can be distinguished from the personal unconscious by the fact that it does not owe its existence to personal experience and therefore is not a personal acquisition.

The Individual unconscious is essentially made up of contents that were present in the consciousness, but then disappeared because they were forgotten or removed.

Instead, the contents of the collective unconscious have never been present in consciousness and therefore have never been acquired individually, but owe their existence exclusively to inheritance.

The individual unconscious consists mainly of complexes. Instead, the content of the collective unconscious is essentially formed by archetypes.

My thesis, therefore, is the following. There is a first psychic system, which includes our individual consciousness. It also includes the personal unconscious. Beyond this, there is a second psychic system of a collective and universal nature, which does not refer to the individual sphere but is identical in all individuals.

This "collective unconscious" does not develop in individuals, but is inherited. The collective unconscious consists of "pre-existing forms", the archetypes. "

Þess vegna, samkvæmt Jung, er vitundarstig staðsett utan huga okkar, ekki bundið við heilabúið heldur aðskilið frá persónu okkar og óháð líkamlegu okkar. Það er sálarstig sem ekki er hægt að staðsetja hvar sem er. Það er ekki "hlutur" með lengd, breidd, hæð og þyngd sem hægt er að taka héðan og flytja þangað. Einfaldlega, sameiginlega undirmeðvitundin er, er til, á sama hátt og sál okkar eða aldur trés eða vatnsrennsli í á. Enginn getur séð eða vegið hugmyndina um aldur trésins eða rennsli árinnar, en það er óumdeilt að þeir eru þarna.

Sameiginlega undirmeðvitundin er algerlega sálrænn veruleiki sem inniheldur reynslu allra manna og sem allar manneskjur geta byggt á. Öll reynsla mannkyns er til staðar í sameiginlegu undirmeðvitundinni í formi erkitýpa. Í dag myndum við segja að allar upplýsingar sem tengjast mannkyninu séu geymdar í formi skráa sem kallast erkitýpur.

Þar sem allar manneskjur geta haft samskipti við erkitýpur hins sameiginlega undirmeðvitundar, leiðir það af því að við búum yfir mikilli þekkingu sem við höfum ekki upplifað.

Þegar ég skrifa þessi orð er orðabók og málfræðipróf innbyggð í ritkerfið mitt á tölvunni minni. Ég hunsa tilvist þessa kerfis, þangað til ég geri skrifvillu. Þegar ég geri mistök lætur kerfið mig vita. Í fyrstu skiptin stóð ég og horfði á litlu orðin sem voru undirstrikuð með rauðu með „Word“ forritinu og ég skildi ekki hvers vegna. Smátt og smátt fór ég að venjast þessu og tók eftir því að rauða undirstrikið gefur til kynna villu, jafnvel þó að það sé ekki tilgreint hvaða villu það er. Það væri áhugavert ef fallegustu forsetningar rita minna birtust undirstrikaðar með bláu, til að gefa til kynna ánægju einhvers dularfulls hluta hugbúnaðarins. Kannski myndi ég samt ekki skilja, því tölvan tjáir sig með formum sem eru ekki strax skiljanleg.

Samstillingar eru eitthvað á þessa leið. Þetta eru merki sem koma til okkar frá málfræðiprófi sem er staðsettur sem veit hvar, dreifður í risastóru skýi, sem við fáum á tungumáli sem erfitt er að ráða. Stundum renna erkitýpurnar niður úr sameiginlegu undirmeðvitundinni og hafa áhrif á meðvitund okkar. Þetta skapar þætti sem erfitt er að skilja. Við skiljum nærveru hulinnar merkingar, en við skiljum ekki nákvæmlega merkingu skilaboðanna.

Hugmynd sem er jafngömul manninum.

Jung hafði þann kost að afhjúpa ritgerð sína um hina sameiginlegu undirmeðvitund samkvæmt forsendum vísindalegrar strangleika, en hugmyndin er alls ekki ný. Við vitum að frá upphafi mannkyns og frá fyrstu birtingarmynd mannlegrar hugsunar var trú á tilvist hærri sálarstiga. Mannkynið skynjaði nærveru „heims hugmynda“ sem var ótengdur efnislegum veruleika.

Alltaf þegar guðdómur hefur verið auðkenndur í náttúrulegum hlutum, eins og sólinni eða tunglinu, hefur vilji alltaf verið kenndur við þann hlut. Sólin rís og sest á hverjum degi til að gefa jörðinni líf, en hún hefur vilja sem hún gæti líka ákveðið að rísa ekki upp og setjast fyrir. Þess vegna þarf að virða hann, virða hann og skipuleggja síðan sértrúarsöfnuð og færa fórnir til að þóknast honum.

Trúarbrögð annistískra trúarbragða fornaldar og nýsteinaldar breyttust fljótlega, á klassíska tímabili Grikklands til forna, í fágaðra hugtak, sál heimsins (einnig þekkt, á latínu, sem Anima Mundi). Þetta er heimspekilegt hugtak sem platónistar nota til að gefa til kynna lífsþrótt náttúrunnar í heild sinni, það er talið líkjast einni lifandi lífveru. Á sama tíma er sál heimsins þó náskyld sál hvers og eins; þess vegna felur það í sér alheim þar sem allir hlutir eru "eitt". Hins vegar, í þessum einingaheimi, er allt einstaklingseinkenni varðveitt.

Í samvinnu við Wolfgang Pauli (nóbelsverðlaun í eðlisfræði) kannaði Jung möguleikann á því að hugtökin Archetype og Synchronicity gætu tengst veruleika sem hann skilgreindi sem „Unus mundus“. Þetta er veruleiki sem allt kemur upp úr og allt snýr aftur til. Það er sama hugtakið "Anima mundi" sem kemur frá mónisma Platóns og útvíkkað af nýplatónistum.

Heimspeki og trúarbrögð hafa gert hugtakið sál heimsins að sínu eigin hugtaki. Það er hugtak sem við finnum í dag með mismunandi nöfnum bæði í austurlenskri heimspeki (Tao kínverskrar menningar, eða Ātman indverskrar menningar) og í vestrænni trúarbrögðum (Guð heilagur andi). Það eru líka margar ótrúarlegar leiðir til að vísa til þessa veruleika: Alheimshugur, alþjóðleg vitund, heimsandi. Talandi um sameiginlega undirmeðvitundina, þá tökum við eftir því að það eru sterkar hliðstæður við allar þessar einingar.

Erkitýpurnar.

Sameiginlega undirmeðvitundin vekur mörg líkindi við hugtök sem þróuð voru í menningarþróun mannsins. Annað hugtak sem tengist hinni jungísku sameiginlegu undirmeðvitund, það um erkitýpur, þróar einnig margar hliðstæður. Erkitýpur eru hugmyndaflokkar sem tileinka sér fornaldarstrúktúr eins og dæmigerð fyrir goðsagnir og trúarbrögð, en einnig ævintýrapersónum dægurmenningar. Reyndar segist Jung ekki sjálfur hafa lagt fram neitt nýtt, en viðurkennir að erkitýpur hans geti talist svipaðar helstu goðsögulegum mótífum hvers sögutímabils og hvers kyns mannkyns.

Þess vegna geta erkitýpurnar verið óendanlegar, rétt eins og geta mannlegrar hugsunar til að búa til raunverulegar eða stórkostlegar aðstæður er óendanlegur; frá erkitýpu dauðans til óttans til grimmdarinnar til vorkunnar, og fara síðan í gegnum allar sýnin sem eiga uppruna sinn í draumum okkar, þar sem fígúrurnar verða að táknum og þar af leiðandi erkitýpur. Dæmigerðar persónur eru hesturinn, köngulóin eða aðgerðin við að hoppa út í tómið. Svo er úlfurinn sem eltir okkur þegar við flýjum.

Sérhver mynd sem hugur okkar getur ímyndað sér er til staðar sem erkitýpa í sameiginlegu undirmeðvitundinni, með merkingu sem samsvarar ekki myndinni sjálfri í raunveruleikanum, en hefur táknrænt gildi. Til dæmis er hesturinn tákn um löngunina til að ferðast til andlegra heima.

Sjálfur telur Platon að erkitýpur sé eitthvað sem við sækjumst í án þess að hafa beina reynslu af þeim, en hann rekur það til þess að samkvæmt honum höfum við þegar séð þær áður en við fæddumst. Til að styðja þessa kenningu grípur hann til kenningarinnar um "reminiscence". Sál okkar, áður en hún steig niður í líkamann, bjó í hugmyndaheiminum þar sem hún öðlaðist þekkingu sína. Þegar hún fer niður í líkama heldur sálin þessari þekkingu. Þess vegna segir Platon "Að vita er að muna" eins og við hefðum meðfædda þekkingu.

Sameiginleg undirmeðvitund Jungs er staður þar sem hugmyndir (erkitýpur) eru ekki sýnilegar og aðgengilegar sál okkar fyrir fæðingu, heldur birtast og verka í einstaklings meðvitund okkar alla ævi. Stundum lítum við á erkitýpur sem almenn og óhlutbundin hugtök. Jung leit ekki á erkitýpur á þennan hátt, vegna þess að óhlutbundin er engin form. Þess í stað taldi hann að erkitýpur væru færar um að taka á sig form til að opinbera sig. Þar sem þær eru færar um að taka á sig form og birtast í meðvitund okkar, eru erkitýpur uppsprettur sálarorku, tilbúnar til að losa möguleika sína á okkur í gegnum drauma, tilviljanir, fyrirvara eða innsæi. Öll þessi fyrirbæri eru grundvöllur samstillingarþátta.

Munurinn á hugmyndum Platons, þar sem hugmyndir þekkjast af sálinni áður en þær fara niður í líkamann, og Jungs, þar sem erkitýpur hafa samskipti við undirmeðvitund einstaklingsins á lífsleiðinni, er augljósari þegar haft er í huga að verkun erkitýpanna á sér stað. aðallega á augnablikum streitu, kreppu og umbreytinga.

Reyndar er meðvitaður hluti mannsins, skynsamari og hneigður til að sætta sig við málamiðlanir við raunveruleika lífsins, í stöðugri baráttu við undirmeðvitundina sem er eðlislægari og hugmyndaríkari og vill oft taka þátt í vanhugsaða hegðun.

Fyrir vikið setur vitundin upp trausta hindrun til að halda gosi undirmeðvitundarinnar í skefjum. Þetta er ekki alltaf gott og það virkar ekki alltaf. Það eru tímar þegar hindrunin sveiflast eða hrynur.

Þetta eru augnablik tilvistarkreppu, eins og vinnumissi, sambandslok eða hvarf ástvinar. Í þessum tilfellum er skynsamleg samviska einstaklingsins í uppnámi, hann skilur ekki hvað er að gerast, hann veltir fyrir sér réttmæti eigin sannfæringar og veltir fyrir sér hvort hann hafi rangt fyrir sér og hvernig hann gæti hafa haft rangt fyrir sér. Venjuleg skynsemi rekst á veruleika sem hann ímyndaði sér ekki svo hráan og sársaukafullan. Í þessum tilfellum eru varnir lækkaðar, hindrunin hættir að vera óyfirstíganleg og sálræn efni streyma frá undirmeðvitundinni sem getur verið í formi samstillingar.

Því í sjálfu sér fylgir sálræn samstilling alltaf þörf fyrir breytingar, eða boðar hana eða leggur til, en hún gerir það að mestu leyti í táknrænu formi, með tungumáli sem er afar erfitt að ráða.

Meðal þeirra dæma sem Jung skráir er frægasta líklega það sem átti sér stað við meðferð eins sjúklings hans. Í ritgerð sinni "Synchronicity as a principle of acausal nexus" sem birt var árið 1952 lýsir Jung atburðinum á eftirfarandi hátt:

> „Ung kona, sjúklingurinn minn, dreymdi draum á afgerandi augnabliki í meðferð sinni. Í draumnum fékk hún gullna skarabíu að gjöf. Á meðan hún var að segja mér þennan draum sat ég með bakið að lokuðum glugganum. Allt í einu heyrði ég hljóð fyrir aftan mig, eins og eitthvað væri að banka mjúklega að glugganum. Ég sneri mér við og sá vængjað skordýr reka á gluggann að utan. Ég opnaði gluggann og náði í gallann. Þetta litla dýr var „Cetonia aurata“, algeng bjalla sem lifir á rósum. Augljóslega einmitt á þeirri stundu hafði skordýrið fundið sig knúið til að fara inn í dimmt herbergi, þvert á vana sína. Ég verð að bæta því við að svona tilfelli hefur aldrei

komið fyrir mig áður né hefur það komið fyrir mig síðan. Jafnvel þessi draumur sjúklingsins var einstakur í minni reynslu."

"One patient had a dream at a decisive moment in the therapy. In the dream the young woman received a gold beetle as a gift. While she was telling me this dream, I was sitting with my back to the closed window.

Suddenly I heard a noise behind me, as if something was knocking softly against the window.

I turned and saw a winged insect that, from outside, bumped against the window. I opened the window and caught the insect. It was very similar to a gold beetle, that is, to a "Cetonia aurata", the beetle of roses.

Evidently, the insect had felt impelled, at that very moment, to enter our dark room. This, contrary to his habits.

I must add that such a case had never happened to me before and it never happened to me afterwards; That dream of the patient remained a unique fact in my experience. "

Þá segir Jung að konan hafi verið einstaklega erfiður sjúklingur, sem fram á þann dag hafi ekki stigið eitt einasta skref fram á við. Hún var mjög skynsamleg kona í trú sinni og óskynsamlegur atburður hefði þurft til að hrista hana, en Jung gat ekki framkallað slíkan atburð. Draumurinn um skordýrið sem fékkst að gjöf hafði hrifið konuna og var þegar farinn að hafa áhrif á innri varnir hennar. Hins vegar, þegar Cetonia Aurata kom í raun inn um gluggann:

> „Náttúrulegur kjarni þess gat brotist í gegnum brynjuna og einnig tókst umbreytingarferlinu sem fylgir lækningunni að komast af stað í fyrsta skipti".
>
> *"Its natural essence succeeded in breaking the armor and the process of transformation that must always accompany a therapy, began to take off".*

Í framhaldinu útskýrir Jung atburðinn í sálrænu formi og lýsir því hvernig þátturinn reyndist árangursríkur fyrir bata sjúklingsins. Hann bendir réttilega á að bjölluskordýrið sé klassískt tákn endurfæðingar. Samkvæmt lýsingunni í fornegypsku bókinni Am-Tuat umbreytir sólguðinn á ferð sinni eftir dauðann á tíundu stöðinni sér í bjölluna og í þessari mynd fer hann upp á tólftu stöðina. Hann ferðast í bátnum sem ber hann, endurnærður, í átt að dögunarhimninum til að endurfæðast fyrir nýjan daginn.

Hvernig "samstillingarviðburðir" gerast.

Samstillingar gerast skyndilega, í lífi einstaklings, þegar veik sálarlíf þeirra skynjar einhverja líkingu á milli þarfa þeirra og erkitýpanna sem þeir geta nálgast í gegnum meðvitundarleysið. Reyndar eru erkitýpur áhugasamar um að vinna að velferð einstaklingsins. Sumar kenningar halda því fram að erkitýpur hafi getu til að grípa sjálfkrafa inn í þegar um er að ræða þjáningu.

Munurinn er verulegur. Í fyrra tilvikinu gerum við ráð fyrir sálaríláti sem við getum dregið upplýsingar úr sem hafa alltaf verið geymdar og tiltækar til notkunar. Í öðru tilvikinu er hins vegar fyrirséð tilvist æðri greind sem er fær um að þekkja þarfir einstaklinga og getur sjálfstætt gripið inn í til að hjálpa þeim.

Í flestum tilfellum virðist önnur tilgátan líklegri. Með því að greina ýmis tilvik samstillingar yrðum við öll leidd til að bera kennsl á stefnu, eða jafnvel nærveru alhliða anda, einmitt sál heimsins, sem er fær um að gera sig til staðar og starfa í þágu allra skepna, án takmarkana á rými og tíma.

Þannig verður alheimurinn eitthvað samtengt, flækt í hverjum hluta hans, þannig að hann myndar einn hlut með heildinni. Maðurinn, jafnvel í einstaklingseinkenninni, það er í sjálfinu sínu, verður sameind, hluti af stærri lífveru, hinu gáfulega Cosmos, sem verndar og leiðir hann í gegnum samstillandi þætti.

Jung kallaði þennan sameinandi veruleika efnis og huga „geðrænan“. Það er stig sem er ofar efni og sálarlífi, en inniheldur hvort tveggja.

Þar að auki, eins og við höfum séð í fyrri dæmunum, líkist sameiginlega undirmeðvitundin alls ekki óvirku vöruhúsi, heldur virðist hún búa yfir greind sem nær til fortíðar og framtíðar, sem ekki er hægt að útskýra samkvæmt hugsunarflokkum okkar. Við erum vön heimi þar sem hlutirnir gerast hver á eftir öðrum og hver atburður er afleiðing fyrri atburðar og orsök síðari.

Á sameiginlegu ómeðvitaða stigi fara upplýsingar einnig niður í átt að samviskunni í öfugri röð, eins og þegar fyrirboði varar okkur við einhverju áður en það gerist. Stundum segir „telpatískt símtal“ okkur núverandi hættu á ástvini sem er hundruð kílómetra í burtu. Þetta gerist einmitt á því augnabliki þegar hættan er að verða til staðar.

Það eru þúsundir vitnisburða um fólk sem vaknar með látum um miðja nótt, á sama tíma og ástvinur verður fyrir árás eða lendir í slysi. Það eru líka ótal vitnisburðir um vitund um dauða fjarlægrar manneskju, rétt eins og það er að gerast.

Við getum dregið saman dæmigerð einkenni samstillts fyrirbæris í eftirfarandi nokkrum fullyrðingum.

Samstilling er afleiðing (summa) tveggja eða fleiri helstu staðreynda sem eru ótengdar hver annarri, sem öðlast aðeins merkingu fyrir þann sem fær samstillinguna.

Annars vegar, hvar sem er í heiminum og á hvaða augnabliki sem hægt er að tengja táknrænt, fær einstaklingur ómeðvitaða mynd í formi draums, fyrirboða, fjarskipta, skyndilegrar hugmyndar, beinna eða táknrænnar myndar.

Annars staðar, hvar sem er í heiminum og á tímum sem hægt er að tengja saman á táknrænan hátt, fellur atburður eða staðreynd saman við ómeðvitaða mynd.

Örlög eða "samstilling"?

Bandaríski rithöfundurinn Louis L'Amour, (dulnefni Louis Dearborn LaMoore) segir á vefsíðu sinni ótrúlega sögu af frú Söru Richley, rólegri húsmóður en sonur hennar Peter ræktaði yfirgnæfandi ástríðu fyrir sjónum. Einu sinni ákvað fullorðinn Peter, þrátt fyrir gagnstæða skoðun og áhyggjur móður sinnar, að fara um borð og eyða lífi sínu í frumefninu sem hann elskaði svo mikið. Bæði af gáleysi og erfiðleikum þeirra sem ferðast sjóleiðina til að halda sambandi við meginlandið misstu móður og sonur samband.

Þetta er frummálið og að því loknu gerist sagan í tveimur þáttum.

Í fyrsta þættinum, sem er nú þegar nógu ótrúlegt eitt og sér, munum við rifja upp ævintýrið sem Pétur upplifði í einni af ferðum hans árið 1829.

Þetta eru sannir atburðir, sem greint er frá af kostgæfni í skipaskrám og sagt frá í sjöunda bindi Stóru alfræðiorðabókarinnar. hafið gefið út á Ítalíu af Armando Curcio og leikstýrt af hinum fræga heimildarmyndagerðarmanni Folco Quilici.

Hin ótrúlega saga Söru Richley, I. þáttur

Í október 1829 sigldi ástralska skútan Mermaid frá Sydney til Collier Bay í vesturhluta Ástralíu. Skipið, undir stjórn Samuel Nolbrow, var með 18 manna áhöfn, þar á meðal Peter Richley, og flutti þrjá farþega. Á fjórða degi siglinga, þegar báturinn var í stórhættulegu Torres sundi, milli Ástralíu og Nýju-Gíneu, gerðist hið óbætanlega.

Óhugsandi skýjabakkar nálguðust skipið. Vindurinn lægði og skipið stóð hreyfingarlaust. Um miðja nótt geisaði mikill stormur. Skipinu var ítrekað rekið í kóralrif og brotnaði í sundur þrátt fyrir örvæntingarfullar tilraunir áhafnarinnar. Mennirnir 21 yfirgáfu flakið og stukku í sjóinn og syntu þar til þeir komust að steini. Skipstjórinn, sem kom síðastur, komst að því að allir 21 voru heilir á húfi.

Þeir eyddu þremur dögum og þremur nætur á klettinum, þar til „skipsbrigurinn“ Swiftsure, sem átti leið um svæðið, sá þá og tók þá upp og hélt síðan áfram leið sinni. Eftir fimm daga lenti Swiftsure líka í ólgandi straumi og brotlenti.

Allir farþegar yfirgáfu skipið í skyndi. Enn og aftur björguðust allir vegna þess að skútustjórinn Ready fór fljótlega framhjá, með 32 skipverjum, sem tóku upp og hýstu eftirlifendur tveggja áður sökktra skipa um borð.

Því miður var neikvæðum atburðum ekki lokið enn. Skútan hélt ferð sinni aftur, jafnvel þótt of margir um borð væru íþyngd. Eftir nokkrar klukkustundir kveikti einhver kæruleysislega eld sem varð að skógareldi. Því miður var ekki hægt að slökkva eldinn og allar áhafnir Mermaid, Swiftsure og Governor Ready neyddust til að troða í björgunarbátana.

En jafnvel í þetta skiptið gátu þeir sem lifðu af, það er allir allir, þakkað heppnina því stuttu síðar birtist skuggamynd ástralska skerisins „halastjarna“ við sjóndeildarhringinn.

Fyrir einstaka tilviljun hafði óveður blásið „halastjarnan úr brautinni, svo að fyrir tilviljun sá hún björgunarbáta.

Þegar sjómenn halastjörnunnar fréttu að þetta fólk væri fórnarlömb þriggja skipsflaka fóru þeir að sjá eftir því að hafa bjargað þeim, en nú voru þeir um borð. Hins vegar skapaðist andrúmsloft mikillar spennu sem ýtti undir efasemdir um að illt hlutskipti fylgdi þessu fólki og önnur hörmung gæti endurtekið sig. Þeir höfðu ekki rangt fyrir sér. Eftir fimm daga á sjó fór halastjarnan einnig í rúst. Að þessu sinni voru engir björgunarbátar fyrir alla, svo margir urðu að vera áfram í vatninu og loða við leifar hins sokkna skips. Þeir voru neyddir til að halda út í 18 daga, áður en þeim var bjargað af gufuskipi ástralska póstþjónustunnar, Júpíter.

Það er ótrúlegt að eftir fjögur skipsskaða höfðu engin fórnarlömb verið á meðal þeirra: í rauninni hafði enginn slasast nema fyrir smá marbletti sem óumflýjanlegir voru við slíkar aðstæður.

Í öllu þessu hafði Peter Richley ef til vill sefað siglingaþrá sína. Það virtist sem allt væri búið, en ... svo var ekki. Eftir nokkra stund rakst gufuskipið Júpíter einnig á stein og sökk.

Sem betur fer var ekki langt frá þessu síðasta skipsflaki farþegaskipið City of Leeds sem enn og aftur bjargaði öllu fólkinu sem lifði af fimm skipsflak, og að lokum kom það heilu og höldnu til Sydney þar sem þeir gátu farið frá borði og sagt ævintýri sín.

Sögumaður lýkur sögu sinni í Alfræðiorðabók hafsins og segir eftirfarandi:

"Aðeins tilviljun? Kannski.. Hins vegar eru tilfelli þar sem það virðist sem myrkri vera ráði við atburði. Þessi aðili beinir atburðum viljandi í átt að markmiðum sem virðast einstaklega mannleg..."

Hér lýkur frásögninni sem við höfum skilgreint sem fyrsta þáttinn.

Fyrir Peter Richley er frásögninni þó ekki lokið því sjómaðurinn okkar, áður en hann fór frá borði, meðan hann var enn um borð í síðasta skipinu, fann sig í seinni þáttinn sem, ef mögulegt er, er jafnvel ótrúlegri en sá fyrri.

Hin ótrúlega saga Söru Richley, II

Við tökum aftur upp frásögn rithöfundarins Louis L'Amour. Að þessu sinni er þetta allt að gerast um borð í farþegaskipinu 'City of Leeds'.

Þetta skip, sem fór frá Bretlandi og var á leið til Sydney, flutti farþega af ýmsum uppruna sem höfðu áhuga á að komast til Ástralíu af margvíslegum ástæðum. Miðað við töluverð óþægindi á þessum tíma voru ferðalangarnir að mestu ungt fólk, eða alla vega hraustlegt og við góða heilsu. Þar af leiðandi lenti læknir skipsins ekki í miklum vandræðum við að sinna starfi sínu

Í þessari ferð hafði læknirinn hins vegar lent í miklum erfiðleikum. Reyndar hafði gömul kona, sem var ein á ferð, einhvern tíma hrunið undir þunga ára og veikinda og var nú lögð inn á sjúkrahús á sjúkrastofu skipsins. Nokkrum sinnum hafði læknirinn spurt konuna:

"En hvers vegna vildir þú, eldri kona, fara í þessa ferð frá Englandi til Ástralíu?"

Gamla konan svaraði með því að endurtaka að hún hefði ekki heyrt frá syni sínum í mörg ár. Hann hafði nýlega frétt að sonur hans væri að sinna starfi sínu meðfram áströlsku strandleiðunum og hafði því ákveðið að fara um borð til að finna hann. Í hvert skipti sem gamla konan dró gamla mynd upp úr veskinu sínu til að sýna lækninum andlit sonar síns.

„Þetta er sonur minn. Það væri nóg fyrir mig að sjá það aftur og þá gæti ég dáið í friði. Hjálpaðu mér, læknir." Læknirinn var viðkvæm manneskja og vildi hjálpa konunni en vissi ekki hvernig.

Stuttu eftir eitt af þessum ítrekuðu viðtölum fór læknirinn í framhaldsheimsókn til nokkurra sjómanna sem safnast voru saman á sjó eftir að skip þeirra flak. Á meðan hann var enn að hugsa um ljósmyndina af týndum syni sínum, stóð hann frammi fyrir sjómanni sem var nokkuð svipuð. Dökkt hár, hátt enni, slétt nef, þunnar varir og áberandi höku. Við yfirborðsskoðun gæti þessi ungi maður verið talinn mjög líkur myndinni. Jafnvel aldurinn gæti samsvarað. Hugmynd sló hann: hvers vegna ekki að kynna þennan unga mann fyrir gömlu konunni, sem hafði ekki lengur fullkomna sýn, svo að þessi velviljaða blekking myndi leyfa henni að enda líf sitt í friði?

Hann útskýrði allt fyrir unga manninum og spurði hann hvort hann vildi lána sig í þetta hlutverk. Ungi maðurinn vildi hins vegar alls ekki sætta sig við hlutdeild í þeirri blekkingu.

„Þegar allt kemur til alls, myndirðu bara gera góðverk fyrir þessa konu,“ sagði læknirinn, „þú þyrftir bara að láta eins og þú heitir Pétur í nokkrar mínútur.

Ungi maðurinn fór að hvika.

„Jæja, ég myndi samt ekki ljúga því ég heiti í raun Peter. En ég ætti að vita meira. Hver er þessi kona eiginlega?"

„Hún er ensk kona, ákveðin Sarah Richley.

Ungi Pétur varð föl og djúpur skjálfti hristi allan líkama hans, þá hrópaði hann:

"En það er mamma mín!"

Það var svo sannarlega móðir hans. Örlögin (eða ótrúleg röð samstillinga) höfðu tryggt að móðir og sonur gætu sameinast á ný í gegnum ekki færri en fimm skipsskaut.

Eftir gleðina yfir að finna son sinn náði konan sér og lifði í mörg ár í viðbót án þess að missa nokkurn tíma samband við Pétur. Sonurinn hélt hins vegar áfram að sigla.

Nokkrar heimildir á vefnum skjalfesta þessa sögu, til dæmis

http://tardis.wikia.com/wiki/Sarah_Richley

Hvítasunnupresturinn Philip Harrelson rifjar upp þessa sögu á hverju ári í mæðradagspredikun sinni, eins og hún er birt á síðunni

https://www.sermoncentral.com.

Sumir halda því fram að sagan væri ekki sönn, því skipið City of Leeds var sjósett eftir 1829, árið sem atburðirnir gerðust. Reyndar er hvert hafið fullt af skipum með sama nafni. Hér eru nokkur dæmi. Til viðbótar við 'City of Leeds' úr sögu okkar, var annað skip að nafni 'City of Leeds' sjósett árið 1903, ásamt systurskipi hennar 'City of Bradford'. Tvö flutningaskip til viðbótar undir nafninu 'City of Leeds' voru sjósett 1908 og 1944.

Samstillingar eru útstreymi alhliða huga.

Endanleg sönnun þess að samstillingar eru ekki blekkingar í sálarlífi okkar heldur koma frá „æðra huga“ er að finna þegar við uppgötvum tilvist samstilltra þátta sem taka þátt í fleiri en einum einstaklingi í byggingu atburðar sem hefur aðeins áhrif á einn þeirra. Þetta gerðist í þeirri ótrúlegu atburðarás sem ég var að lýsa.

En það er ekki nóg. Samstilling snertir ekki aðeins líf einstaklinga eða lítilla hópa, heldur sameiginleg örlög heimsins. Samstillingar leiða samfélög fólks, þjóða, þjóða og allan heiminn í átt að hærra stigi vitundar. Þetta er ferðalag menningarlegrar og andlegrar þróunar, markmið sem við getum aðeins ímyndað okkur.

Jesúítavísindamaðurinn Pierre Teillard de Chardin talar um Omega Point, það er hámarksstig flækjustigs og meðvitundar sem alheimurinn virðist stefna að í þróun sinni.

Margir velta því fyrir sér hvers vegna maðurinn lifði í milljónir ára, eftir að hann birtist, í nánast grófu ástandi steinaldar, aðeins til að taka ótrúlegt þróunarstökk á síðustu tólf þúsund árum. Á örlitlu broti af tíma höfum við farið frá steinöld yfir í það sem við getum skilgreint sem „upplýsingaöld“, þ.e. tímabilsins sem við lifum nú á.

Er það rökrétt að mannkynið hafi í milljónir ára ekki tekið nein veruleg þróunarstökk, ef ekki hin ýmsu steinvinnslu, til að springa í sífelldri þróun nýjunga, uppfinninga, öflunar nýrrar tækni? Órólegur straumur af nýjungum hefur umbreytt borgum úr þyrpingum af kofum með stráþekju í víðáttumikla skýjakljúfa.

Ef allt væri háð manninum hefðum við átt að búast við hægfara þróun, mun dreifðari með tímanum. En nei, öll þróun okkar, allt frá því að landbúnaður og málmar fundust og áfram, átti sér stað á síðustu 0,003% tíma ferðalags okkar í gegnum söguna.

Er réttmætt að ímynda sér að loksins, eftir 99,997% af ferðalagi okkar, hafi „einhver“ eða „einhver orka“ ákveðið að það væri rétti tíminn fyrir mannkynið að vera leiðbeint á hærra stigi tilveru sinnar?

Á síðustu þremur öldum höfum við upplifað tímabil djúpstæðrar efnishyggju, þar sem tilvist þess sem ekki er hægt að vega á vog, mæla og endurskapa á rannsóknarstofunni var afneitað.

Eins og gefur að skilja vill heil röð samstillinga sem hafa verið að þróast á síðustu öld leiða heiminn til meðvitundar um að alheimurinn er ekki samsettur úr efni einu, heldur efni og sálarlífi. Verk Jungs, samstarf hans við Wolfgang Pauli og þróun skammtaeðlisfræðinnar með uppgötvun á fyrirbærinu skammtaflækju eru að brjóta niður goðsagnir um heim sem er eingöngu gerður úr efni.

Nýju vísindin hafna alheimi sem stjórnast af tilviljun og spáir fyrir um nýtt þróunarstökk fyrir mannkynið, þar sem ástæður sálarinnar, löngu bældar, munu finna sinn stað og mikilvægi þeirra.

Allt í lagi, en… hvar eru
sönnunargögnin?

Allt sem hefur verið sagt hingað til hefur rekist á, og heldur áfram að rekast, við nánast öll vísindaumhverfi sem afneita, sem iðkun, tilvist alls sem er skilgreint sem "sálrænt" eða "andlegt", með þeim rökum að allur alheimurinn sé ekki annað en efni. Þessi efnislega merking nútímavísinda fæddist á átjándu öld, með tilkomu upplýsingatímans.

Sögulega tímabil þekkt sem „öld uppljómunar“.

Upplýsingin, fædd um 1700 í Englandi, var heimspekileg, pólitísk, menningarleg og félagsleg hreyfing, sem fljótlega þróaðist um alla Evrópu og náði hámarki í Frakklandi. Nafnið er dregið af löngun forvígismanna þess og fylgismanna til að upplýsa hug annarra manna sem að þeirra mati var hulið af hjátrú og fáfræði. Upplýsingin var aðhyllst og samþykkt af flestum menningar- og aðalssamfélagi sem, þrátt fyrir harðvítug átök af hálfu kirkjuvaldsins, endaði með því að beina félagslegum siðum að gildum sínum.

Allt frá fyrstu heimspekingum var talið að skynsemin væri leið til að hugleiða háleit sannindi, en hinir upplýstu litu á skynsemina sem hagnýtt, starfhæft og hagnýtt tæki til þróunar menningar og framfara. Árangur skynseminnar er að mati upplýsingahyggjumanna ekki lengur í heimspekilegum vangaveltum, heldur í hagnýtum árangri sem næst: skynsemin er gagnleg ef hún getur útskýrt staðreyndir og hluti af skynsemi, án þess að grípa til frumspekilegra röksemda. Í löngunininni til að losa menn undan ástæðulausum ótta við hið óþekkta, héldu talsmenn Upplýsingarinnar því fram að sérhver maður hefði innri hæfileika til að skilja raunveruleikann sem umlykur hann, en yrði að losa sig við hjátrúarfulla yfirbyggingu. Samkvæmt upplýsingakenningunni eru þessar yfirbyggingar lagðar af krafti sem hefur áhuga á að drottna yfir samfélaginu með því að halda fólkinu í fáfræði.

Áformin voru góð. Því miður eru allar byltingar fæddar af góðum ásetningi. Síðan í reynd, eftir að hafa þvegið barnið, myndi maður vilja henda því með baðvatninu.

Við getum sagt að hin langa bylgja uppljómunar haldi áfram að skola strendur nútímavísinda.

Ein af meginkenningum efnishyggju upplýsingastefnunnar er að heimurinn sé vél. Þessi vél fylgir þekktum lögmálum eðlisfræðinnar og þjónar engum tilgangi. Það er enginn endanleiki í heildarsköpuninni og því líka í tilvist mannsins. Maðurinn er líka vél sem sinnir mikilvægum hlutverkum sínum án nokkurs tilgangs þar til hún brotnar niður og hættir að vera til.

Denis Diderot, meðhöfundur með Jean-Baptiste D'Alembert af hinni frægu alfræðiorðabók sem gefin var út í 17 bindum frá 1751 til 1772, gegnir hlutverki vísindamanns þannig:

> „Vísindamaðurinn, sem hefur það hlutverk að mennta en ekki að móta fólkið andlega, mun skilja „af hverju“ til hliðar og horfa aðeins á „hvernig“.
>
> „Hvernig“ er dregið af verum og „af hverju“ frá vitsmunum okkar... Hversu margar fáránlegar hugmyndir, hversu margar rangar forsendur, hversu margar skoplegar hugmyndir er að finna í lofsöngvunum sem hafa verið samdir til heiðurs skapari".

"The profession of the scientist is to instruct and not to give moral lessons. In his

teachings he will leave aside the "why, "looking only at "how ".

The "how" is derived from things, from beings. Instead, the "why" is only a fruit of the intellect. The intellect is not reliable. How many absurd ideas, how many false assumptions, how many chimerical notions are found in the songs in honor of the Creator!

Þrátt fyrir þessa höfnun á allri andlegu tilliti og sýn á tilgangslausan veruleika sem byggðist á tilviljun, neituðu fylgjendur upplýsingatímans undarlega að vera álitnir efnishyggjumenn. Voltaire endurtók nokkrum sinnum að hann fann ekki fyrir hugrekki til að ákveða hvorki efnishyggju né spíritisma.

Upplýsingaöld og bókmenntastofur.

Einmitt vegna útþenslu upplýsingatímans sem hófst á átjándu öld fékk það tímabil nafnið Upplýsingaöld, eða "Siècle des Lumières".

Meðal helstu sögupersóna má nefna Frakkana Voltaire, Montesquieu og Fontanelle, sem þó viðurkenndu að þeir væru innblásnir af enskri heimspeki sem byggði á empírískri skynsemi og vísindalegri þekkingu, þ.e.

Upplýsingin fékk mikla aðstoð frá "bókmenntastofur".

Þessi menningarhefð var þegar til staðar í Frakklandi.

Samkvæmt þessari hefð hittust menn með reglulegu millibili á svokölluðum „bureaux d'esprit“

Fundirnir á þessum stofum voru skipulagðir af áhrifamiklum meðlimum efri millistéttarinnar eða aðalsstéttarinnar, sem buðu meira og minna þekktum persónum að spjalla og rökræða málefni líðandi stundar. Setustofa frú Geoffrin var þekkt og bauð bókmennta- og heimspekistjörnur eins og Diderot, Marivaux, Grimm, Helvétius.

Baron d'Holbach keppti við Madame Geoffrincl með því að skipuleggja fundi sem sömu persónur sóttu, auk Abbé Galiani og annarra heimspekinga.

Þessi menningarsoði og sú staðreynd að hreyfingin var í meginatriðum studd af aðals- eða yfirstéttarstéttinni, við skulum skilja hvernig ástæður þeirra gátu í meginatriðum breiðst út til efri stiga samfélagsins. Hugmyndirnar dreifðust mun minna meðal fólksins sem átti að frelsa.

Hins vegar, ef við lítum ekki á efnislegar og trúleysislegar afstöður, eins og þær í síðasta áfanga hugsunar Diderots, er hugtakið „Guð“ að finna hjá flestum hugsuðum uppljómunar. Til að samræma þetta náttúrulega innsæi þeirra við kenningarnar sem þeir boðuðu, reyndu þeir að sýna fram á tilvist guðs við uppruna alheimsins með vísindalegum rökum. Í þessari viðleitni, miðað við stórkostlega fullkomnun sköpunarverksins, komu þeir að því að setja fram tilvist „eilífs jarðmælis“. Það var spurningin sem Voltaire spurði sjálfan sig líka:

> "Þegar ég átta mig á röðinni, hinni stórkostlegu kunnáttu vélrænu og rúmfræðilegu lögmálanna sem stjórna alheiminum, óteljandi leiðum og markmiðum allra hluta, er ég hrifinn af aðdáun og virðingu. Ég viðurkenni þessa æðstu greind án þess að óttast að einhver gæti breytt mér skoðun... En hvar er þessi eilífi landmælingamaður? Er hann til einhvers staðar eða alls staðar, án þess að taka pláss? Ég veit ekkert um hann".

"When I evaluate the order and the prodigious ability of the mechanical and geometric laws that govern the universe, I am taken by admiration and respect.

I admit this supreme intelligence. I am convinced of his existence and I am not afraid that someone could change my opinion.

But where is this eternal surveyor? Does it exist in a specific place or is it spread everywhere? Does it occupy a space or not? I know nothing about this. "

Því miður var engin ummerki um þessar efasemdir eftir á næstu öldum og í vísindavíðsýni nútímans hefur hugtakið "Guð", jafnvel tjáð í vafasömu formi, verið eytt algjörlega. Reyndar eru vísindahringirnir í dag, með mjög sjaldgæfum undantekningum, beinast að efnishyggju, sem betur fer án mikils árangurs.

Reyndar halda næstum allar manneskjur alls staðar að úr heiminum, jafnvel þeir sem lifðu í langan tíma undir stjórn guðleysis alræðis, áfram að trúa því að þeir séu hvorki vélar né tilviljanakenndar þyrpingar efnis. Þeir telja sig búa yfir, auk líkamans, einnig andlega og sál.

Ekki er hægt að brjóta lögmál klassískrar eðlisfræði.

Afneitun á sálrænum veruleika stafar af þeirri staðreynd að þessi veruleiki myndi brjóta líkamleg lögmál sem alheimurinn eins og við þekkjum hann hvílir á. Ekki aðeins klassísk eðlisfræði, heldur einnig afstæðisfræðin, lúta þessum skýru og vel skilgreindu reglum.

Þekking á þessum lögmálum gerir það mögulegt að spá fyrir um hvenær sem er hvernig efnið sem myndar raunveruleikann muni haga sér, þ.e. hlutir og hlutir, frá sígarettukveikjaranum okkar til fjarlægustu vetrarbrauta.

Það er viðmiðun um vélrænni sem stjórnar hinum þekkta alheimi. Sérhver atburður er háður orsök og sérhver atburður verður orsök sem leiðir til síðari atburðar. Líkami á hreyfingu sem lendir á öðrum óhreyfanlegum líkama myndar þrýsting sem hægt er að reikna út með nákvæmni, því það fer eftir þyngd líkanna tveggja og hraða þess fyrsta. Seinni líkaminn hreyfist aftur á móti í stefnu sem hægt er að spá fyrir um, upp í jafn fyrirsjáanlega fjarlægð.

Ennfremur þarf allt miðil til að hreyfa sig: eins og skip siglir á vatni og bíll á veginum, þá dreifast tónlist og rödd um loftið og eru flutt af hljóðbylgjum.

Við getum litið á þrjú meginlögmál.

Fyrsta lögmálið er örin tímans. Tíminn þokast bara áfram og hver atburður getur aldrei verið á undan því sem þegar hefur gerst. Röð atburða ræðst af liðnum tíma, sem gerir okkur aldrei kleift að fara til baka, jafnvel þótt stundum vildum við.

Annað er hraði. Ekkert getur hreyft sig hraðar en ljóshraði, sem er um það bil 300.000 km á sekúndu.

Þriðja er að hvers kyns kraftur, þar með talið þyngdarafl og segulmagn, minnkar í krafti sem fall af fjarlægð. Þyngdarkraftur jarðar hefur áhrif á tunglið, en alls ekki Evrópu eða Ganýmedes, gervihnetti Júpíters. Það gerir það reyndar í algerlega minna mæli.

Sömuleiðis dregur segull að sér járnstykki sem er komið fyrir í ákveðinni fjarlægð. Hins vegar, ef við færum járnið frá seglinum, minnkar aðdráttaraflið þar til það hættir.

Allur alheimurinn hlýðir þessum lögmálum, að vísu með einhverjum afbökun sem afstæðiskenningin gerir ráð fyrir. Þess vegna getum við skilið erfiðleika vísinda þegar þeim tekst ekki að gera sér í hugarlund þann möguleika að eitthvað hlýði ekki þessum lögmálum, eins og skynjunarskynjun til dæmis.

Fyrirvari getur ekki verið til vegna þess að maður getur ekki fyrst vitað eitthvað sem mun gerast aðeins síðar. Hvaðan gætu þessar upplýsingar komið? Það er ekkert líkamlegt rými sem gæti innihaldið framtíðina. Það er ekkert skjalasafn yfir hluti sem munu gerast í framtíðinni.

Mannleg hugsun er oft nefnd, til að segja að hugsun ferðast vissulega hraðar en ljósið. Reyndar getur hugsun kannað bæði fortíð og framtíð og getur náð hvaða svæði alheimsins sem er, eða hvaða alheima sem er, með sama styrkleika.

Svar vísindanna er mjög einfalt: hugsunin er byggð í heila okkar og hreyfist því ekki mikið, fer ekki úr heilanum. Öll útfærsla hennar fæðast og deyja á þessum fáu rúmsentimetrum. Í þessum skilningi eru líka fjarskipti ekki möguleg, því engin hugsun getur látið heila flökta í öðrum heila.

Þess vegna, til að halda fram tilvist sálræns veruleika eins og lýst er í fyrri hluta þessarar bókar, væri nauðsynlegt að uppgötva vídd alheimsins þar sem reglur klassískrar eðlisfræði giltu ekki lengur.

Í þessari vídd sem er svipuð sameiginlegri undirmeðvitund (ef hún hafi einhvern tíma verið til) gætu hugmyndir Platons eða erkitýpur Jungs verið til og starfað.

Fram til 1950 myndi enginn vísindamaður nokkurn tíma leggja eina krónu á þennan möguleika. Þess í stað hefur skammtaeðlisfræðin á undanförnum áratugum náð miklum framförum með því að rannsaka efni á sviði hinna afar smáu. Möguleikinn á að eingöngu sálræn vídd, svipuð sameiginlegri undirmeðvitund, væri raunverulega til, var þegar spáð í byrjun síðustu aldar og loks, á árunum frá 1980 og áfram, var hann vísindalega sannaður. Við erum að tala um "skammtaflækju".

Collaborazione tra scienza e psSamvinna
vísinda og sálar mannsinsiche.

Ein mikilvægasta tilviljunin, í þeirri miklu samstillingu sem hefur verið í gangi í nokkra áratugi sem stýrir mannkyninu í átt að gjörólíkri hugmynd um alheiminn, ekki lengur óskipulegri samþjöppun efnis sem stjórnast af tilviljun heldur skipulögðu mengi efnis og sálar með alheimshuga að leiðarljósi, var það vissulega fundur svissneska sálfræðingsins og sálfræðingsins Carl Gustav Jung og austurríska vísindamannsins (sem mun hljóta Nóbelsverðlaunin í eðlisfræði árið 1945) Wolfgang Pauli.

Þau tvö kynntust í Zürich, þar sem Jung stundaði sálfræðimeðferð á meðan Pauli var prófessor í fræðilegri eðlisfræði við Tæknistofnun.

Fundurinn fór fram árið 1932, eftir að Pauli, hvattur af föður sínum, sem óttaðist um heilsu hans, hafði beðið Jung um tíma til að kanna möguleikann á að fara í greiningu.

Reyndar hafði Pauli gripið til aðstoðar Jungs til að leysa nokkur tilvistarvandamál sem stafa af atburðunum sem hann hafði tekið þátt í. Fyrst og fremst sjálfsvíg móðurinnar sem átti sér stað nokkrum árum áður, og í kjölfarið endurgifting föðurins við konu sem var á sama aldri og Wolfgang. Síðast en ekki síst hjónaband hans og

Kathe Deppner, kabarettdansara, sem hafði mistekist eftir nokkrar vikur.

Fyrir utan hvatann fyrir fyrsta fundinum hófst samband milli vísindamannanna tveggja sem stóð í að minnsta kosti tuttugu og fimm ár og leiddi af sér að mestu bréfadeilu. Í röksemdafærslu sinni fóru báðir út á mörk hvors síns fræðasviðs, eðlisfræði og sálfræði, og byggðu þannig brú á milli tveggja vísinda sem hingað til hafa verið algerlega ósamrýmanleg.

Þeir kunnu hvernig á að sameina sköpunargáfu Jungs og strangleika vísindagreinarinnar Pauli, án þess að finna nokkurn tíma ástæður fyrir skilningsleysi sem ekki var hægt að yfirstíga, né rök fyrir því að brjóta.

Pauli nálgaðist hugsun Jungs og deildi henni alvarlega, sigraði ríkjandi hugarfar þess tíma, sem leiddi til þess að skilgreina þessar kenningar sem „án nokkurs vits“. Hann hélt gagnrýnu viðhorfi, en reyndi einbeitt að skilja þau.

Eðlilega var meginviðfangsefni samræðna Jung og Pauli samband eðlisfræði og sálfræði, það er milli sálar og efnis. Það er mikilvægt að hafa í huga að Pauli hafði áhuga á samstillingu ekki svo mikið til að seðja menningarlega forvitni heldur vegna þess að hann taldi sig hafa tekið þátt nokkrum sinnum á ævinni í samstillandi þáttum.

Árið 1952 gáfu þau út bók saman, "Túlkun náttúrunnar og sálarinnar" (Naturerklarung und Psyche). Við lestur hennar kemur bæði samþykki þeirra og ágreiningur í ljós.

Jung lagði til verk sitt sem ber yfirskriftina "Synchronicity: An Acausal Correspondence Principle". Pauli lagði þess í stað sitt til með ritgerðinni „Áhrif erkitýpa á vísindakenningar Keplers“. Það verður að segjast eins og er að Jung hafði hikað lengi við að birta hugmyndir sínar, en það var Pauli sjálfur sem sannfærði hann um það.

Á heildina litið voru Pauli og Jung sammála um að skilja ætti efni og sálarlíf sem fyllingarþætti sama veruleika, stjórnað af erkitýpum, skilið sem sameiginlegar röðunarreglur. Þetta gaf auðvitað í skyn að erkitýpurnar væru þættir á stigi handan efnisins.

Í starfsumhverfi sínu gagnrýndi Pauli þá staðreynd að eðlisfræði útilokaði allt sem snerti andlega manneskju, tilfinningar og tilfinningar. Hann spáði því að fljótlega í framtíðinni væri ekki lengur hægt að hunsa sambandið milli ytri heims efnisins og innri heims sálarinnar.

"Quantum Entanglement".

Í eðlisfræði er lögmálið um varðveislu orku eitt það mikilvægasta sem sést í náttúrunni. Í sínu mest rannsakaða og leiðandi formi segir þetta lögmál að þótt hægt sé að umbreyta orku og breyta úr einu formi í annað breytist heildarmagn hennar í einangruðu kerfi ekki með tímanum.

Í bók sinni "Feynman's Physics, Vol. I", talar Richard Feynman, bandarískur eðlisfræðingur og vísindavinsæll, Nóbelsverðlaunin í eðlisfræði árið 1965, um náttúruverndarlögmálið þannig:

> „Það er staðreynd, eða ef þú vilt, lögmál sem stjórnar náttúrufyrirbærum sem hingað til hafa verið þekkt. Engar undantekningar eru frá þessum lögum. Eftir því sem við vitum er það rétt. Það er "lögmálið um varðveislu orku".
>
> Þetta er mjög óhlutbundin hugmynd, vegna þess að hún er stærðfræðileg meginregla.
>
> Lögreglan segir að það sé töluleg stærð, sem breytist aldrei, sama hvað á gengur. Lögin lýsa ekki vélbúnaði, eða einhverju áþreifanlegu: það er bara svolítið undarleg staðreynd. Við getum reiknað út ákveðna tölu. Síðan, þegar við ljúkum að fylgjast með náttúrunni framkvæma umbreytingar hennar,

og endurreikna töluna, finnum við að sú tala hefur ekki breyst...“:

"There is a law that governs known natural phenomena. This law has no exceptions, so, as far as we know, it is correct. The law is called "conservation of energy", and it is really a very abstract idea, because it is a mathematical principle.

The law says that there is a numerical magnitude that does not change, whatever happens. His statement does not describe a mechanism, or something concrete. This is a somewhat strange fact. We can calculate a certain number that represents the total energy of the universe. Then we look at things as they change. When we finish looking at the nature that plays its games, and recalculate the number, we find that it has not changed."

Án efa getum við tekið því sem sjálfsögðum hlut að heildarorka alheimsins haldist óbreytt á meðan hún getur tekið á sig mismunandi form.

Þetta lögmál olli gífurlegum vandamálum þegar byrjað var að rannsaka undiratómastigið, það er að segja á mjög litlum.

Við skulum reyna að skilja hvers vegna.

Subatomic agnir hafa "snúningur". Í grundvallaratriðum hafa þessar agnir snúningshreyfingu. Þessi snúningshreyfing er einnig háð "lögmálinu um varðveislu orku".

Þess vegna, ef við tökum rafeind með snúning sem er núll og við skiptum henni í tvo hluta, mun annar hlutinn hafa snúning +1/2 (hálf jákvætt) og hinn mun hafa snúning -1/2, (hálf neikvætt) þannig að heildarfjöldi þeirra er alltaf núll eins og í upprunalegu rafeindinni. Þannig er „lögmálið um varðveislu orku“ virt.

Gerum ráð fyrir að þegar þetta er búið tökum við annan hvorn hlutann og ýtum honum í burtu í hvaða fjarlægð sem er. Augljóslega, hver svo sem fjarlægðin er sem skilur að tvo helminga, mun snúningur þeirra ekki breytast til að brjóta ekki friðunarlögin.

En við skulum taka annað skref. Tökum annan af tveimur helmingunum, til dæmis þann sem er með „hálf jákvæðan snúning“ snúning, og snúum uppreisninni við þannig að hún verður „hálf neikvæð snúning“.

Hvað gerist á þeim tímapunkti? Það kemur fyrir að hinn helmingurinn, hvar sem hann er, snýr líka við ástandi sínu samtímis. Snúningur þess fer frá neikvæðum miðli yfir í jákvæðan miðil. Það er að segja, svokölluð fylgni snúningsáhrif eiga sér stað: tvær agnir, tengdar sem fæddar saman, haldast í snertingu við hvor aðra og þetta gerist óháð fjarlægð þeirra.

Ef annar breytist breytist hinn um leið, því ekki er hægt að brjóta lögmál um varðveislu alheimsins, ekki einu sinni með hálfri rafeind.

Sagt svona kann það að virðast lítið, en ef við hugsum um það, þá afneitar þetta öll eðlisfræðilögmálin sem við töluðum um áður.

Ljóshraði, sem gæti aldrei farið yfir 300.000 km/sek, fer í raun yfir þessi mörk vegna þess að agnirnar tvær geta verið í hvaða millivetrarbrautarfjarlægð sem er, jafnvel milljarði ljósára frá hvor annarri. Strax, reyndar samtímis, bregst hvor tveggja helminga við breytingum á hinum helmingnum.

Tímaörin spáir því að einn atburður ætti að valda öðrum atburði í kjölfarið. En þessi lög eru brotin. Reyndar breyta tveir helmingarnir ekki um snúning sinn í tímabundinni röð, fyrst annar og síðan hinn, heldur breyta þeir honum samtímis.

Jafnvel orsakasambandshugtakið, samkvæmt því að sérhver atburður er af völdum annars atburðar, hættir alltaf að gilda vegna þess að breytingin á tveim helmingum er samtímaleg.

Þriðja meginreglan sem ekki er virt er sú að dempun kraftsviða, sem fall af fjarlægð. Við ættum að ímynda okkur að hliðarnar tvær breytist kröftugri þegar þær eru nær saman og með minnkandi krafti þar til þær breytast ekki meira eftir því sem fjarlægðin eykst. Þetta er ekki raunin: „kraftabandið“ sem sameinar agnirnar tvær helst algjört og stöðugt.

Tengi sem sameinar agnirnar tvær tekur enska fræðinafnið „entanglement“. Þetta orð má þýða sem "samfléttun, rugl."

Entanglement vísar til tengingar sem myndast á milli tveggja agna sem fæddar eru saman. Svolítið eins og það sem gerist á milli tvíbura.

Það er tenging við fleiri andlega en líkamlega eiginleika,

Að lokum getum við gert mikilvægari athugun. Hvernig hafa agnirnar tvær samskipti sín á milli? Þegar annar af tveimur helmingunum breytir um snúning, fara upplýsingarnar sem tengjast breytingunni ekki í gegnum neitt rými og eru ekki miðlaðar með neinum líkamlegum hætti.

Það er enginn tími þegar upplýsingar um breytingu annars aðila eru enn á leiðinni og hinn aðilinn bíður eftir að fá þær. Það er engin líkamleg sending upplýsinga.

Upplýsingar eru samtímis hér og þar. Einfaldlega sagt, upplýsingar "eru til alls staðar". Báðar agnirnar hafa það, eins og þær væru enn ein.

Eftir kenninguna koma tilraunasýningarnar.

Þessi vísindakenning, sett fram af Niels Bohr og teymi hans vísindamanna, þekktur sem „School of Copenhagen", lagði grunninn að skammtaeðlisfræði frá 1927 og áfram. Hins vegar var kenningunni ekki mjög vel tekið í vísindaheiminum. Sérstaklega fannst Albert Einstein þessi kenning ómöguleg. Hann taldi að óumflýjanlega væri grundvallarröksemdin röng og það vantaði einhvern hluta, einhverja óþekkta breytu, til að komast að niðurstöðum sem væru ekki aðeins í samræmi við klassíska eðlisfræði, heldur einnig afstæðiskenningu hans.

Hins vegar var Einstein sannfærður um rök sín, en hann var of greindur til að afneita eða hæðast að vísindum áður en hann hafði verið skýrður með fullri vissu. Þess vegna, á meðan hann hélt því fram að það væri villa í þeirri kenningu, ásamt tveimur öðrum vísindamönnum, árið 1935, lagði hann til hina frægu tilraun, þekkt sem EPR-tilraunin af nafni stuðningsmanna þriggja (Einstein-Podolski-Rosen).

Þetta var hugsunartilraun, það er að segja byggð á rökum og þekktum lögmálum. Þessi tegund tilrauna, jafnvel þótt þau séu fræðileg, spáir samt fyrir um ákveðna niðurstöðu. Hugmyndatilraunir eru enn notaðar í dag þegar engar tæknilegar eða efnahagslegar leiðir eru til til að framkvæma þær í raun. Reyndar vakti EPR-tilraunin efasemdir um trúverðugleika kenninga Bohrs, en þetta var einnig háð því hversu flókin aðferðin hefði getað verið framkvæmd með.

Mörgum árum síðar, árið 1964, lagði John Stewart Bell fram einfaldaða útgáfu af þessari tilraun í grein þar sem hann bauð vísindasamfélaginu að hrinda henni í framkvæmd.

Boðið var tekið af Alain Aspect, franskur tilraunaeðlisfræðingur sem loksins, á árunum frá

1980 og áfram, framkvæmdi tilraunina nánast. Alain Aspect hélt áfram að æsa rafeind til að þvinga hana til að framkvæma tvöfalt skammtastökk. Þannig fékk hann frá rafeindinni losun tveggja frumefnaagna, tveggja ljóseinda, sem gæti talist fylgni þar sem þær fæddust frá sama atburði.

Tilraunir Aspect gátu staðfest í raun allar spár um flækju: agnirnar hegðuðu sér nákvæmlega eins og lýst er í kenningunni og komust hjá öllum ströngum reglum klassískrar eðlisfræði. Á árunum á eftir var tilraunin endurtekin og staðfest aftur og aftur af mörgum fræðimönnum. Í dag upplifa rannsóknarstofur ekki lengur flækju aðeins tveggja agna, heldur þúsunda eða milljóna agna.

Vídd sem nær út fyrir efni.

Í ljósi núverandi vísindalegra niðurstaðna má gera ráð fyrir að samskipti á stigi frumkorna fari fram með aðferð sem er algerlega óháð efni, þar sem tími og rúm beita ekki krafti sínu. Hér hegða sér tvær eða fleiri skyldar agnir, þó að þær séu aðskildar með óendanlegum fjarlægðum, eins og þær væru ein ögn.

„Rýmið“ eða stigið þar sem þetta gerist er skilgreint sem „ekki staðbundið“ þar sem það er ekki hægt að setja það hvar sem er. Í dag réttlæta vísindin tilvist þessa rýmis, jafnvel þó að það geti ekki mælt þyngd þess eða stærðir, né endurskapað það á rannsóknarstofunni. Þess vegna verða önnur hugtök mannlegrar hugsunar sem vísa til svipaðra óstaðfesta, eins og sameiginlega undirmeðvitundarinnar eða sál heimsins, einnig verðug rannsókna og íhugunar.

Ef einhver vildi mótmæla því að þetta fyrirbæri eigi sér aðeins stað meðal agna sem hafa verið tengdar hver við aðra á rannsóknarstofunni, getum við rifjað upp að allur alheimurinn fæddist úr stórri rannsóknarstofu. Ein stór sprenging í upphafi, þekkt sem Miklihvell, olli upphaf tímans. Þessi atburður gaf tilefni til alls efnis í alheiminum. Þannig er allt efni og orka í alheiminum samtengd og mynda einn veruleika. Þessi einstaki veruleiki er svipaður "Unus mundus" Jung og Pauli.

Hvaða hlutverki gegna tilviljanir í lífi mínu?

Þetta er spurningin sem sérhver lesandi, á þessum tímapunkti, getur með lögmætum hætti sett fram á meðan hann bíður eftir að fá svar. Við vitum að verulegar tilviljanir gerast. Því miður, þar til í dag, höfum við litið á tilviljanir sem furðulegar, stundum dularfullar, en í grundvallaratriðum óverulegar staðreyndir í daglegu lífi okkar.

Í reynd eru verulegar tilviljanir eða, betra, samstillingar, vísbendingar sem reyna að útskýra fyrirætlanir Huga heimsins. Hver samstilling inniheldur skilaboð til okkar, gagnleg til að leiðbeina okkur í innri vexti. Því miður er tungumál táknrænt og við eigum í erfiðleikum með að stilla á rétta bylgjulengd til að ráða innihald þess. Tilvitnun í bandaríska eðlisfræðinginn Joseph Henry getur hjálpað okkur að skilja hugtakið:

"Fræ allra stórra uppgötvunar eru stöðugt til staðar í loftinu í kringum okkur, en þau falla og skjóta rótum aðeins í undirbúnum huga.":

"The seeds of every great discovery are constantly present in the air that surrounds

us, but they fall and take root only in prepared minds."

Við erum vön að rekja hinar ýmsu tilviljanir til tilviljunar, eða örlaga þegar þær eru neikvæðar, eða jafnvel heppni þegar þær eru jákvæðar. Til að vitna í fleiri frægar setningar hafði Arthur Schopenhauer þetta að segja:

"Örlögin stokka spilin og við spilum."

"Destiny shuffles the cards and we play."

Þó að Louis Pasteur talaði þannig um heppni:

„Auðgæfni er hlynntum tilbúnum huga“

"Fortune favors prepared minds"

Þessar staðhæfingar gefa til kynna að hvert tækifæri, í bland við skammt af undirbúningi, geti tryggt að við getum byggt upp betra líf. Undirbúningurinn felst í því að vita hvernig á að grípa, á réttum augnablikum, leiðarmerkin, eins og að vita hvernig á að lesa umferðarskiltin á meðan við keyrum bílnum okkar. Samstillingar eru leiðarmerki, vegvísar sem tákna stefnu.

Það er erfitt að skilja táknræn skilaboð sem eru dæmigerð fyrir andlegu víddina þegar við erum stöðugt á kafi í líkamlegu víddinni.

Þegar öllu er á botninn hvolft, eins og áður hefur verið nefnt, eru samstillingar samsettar af atburðum sem eru aftengdir hver frá öðrum, án orsaka- og afleiðingatengsla, dreift yfir óskyld rými og tíma. Þessir atburðir verða þýðingarmiklir þegar við getum skilið þá, tengt þá saman við andlegt ferli sem væri ekki skynsamlegt samkvæmt venjulegum forsendum. Reyndar tengjum við þau oft með ósamhengilegum böndum.

Það er á andlegu stigi sem merkingin sem við eignum samstillingu er mynduð, og svo á stigi anda okkar verðum við að rannsaka til að komast að því hvers vegna við höfum eignað þá merkingu, reynum að lýsa henni með þeim táknum sem við höfum.

Við verðum að nota táknin eins og þau eru til staðar í sálarlífi okkar, það er í meðvitund okkar eða í ómeðvitund okkar.

Erkitáknin birtast í formi samstillingar, en þau gætu ekki gert það ef þau hefðu ekki fyrst farið úr sameiginlegu undirmeðvitundinni yfir í einstaklingsbundið ómeðvitund okkar. Hægt er að skilja táknin sem samstillingar kalla fram, því með góðu eða illu eru þau mjög til staðar og eiga rætur í meðvitund okkar.

Hvernig á að ráða sálræna samstillingu..

Samstillingar eru persónulegar, það er að táknræn karakter þeirra er í nánum tengslum við undirmeðvitund einstaklingsins. Þetta þýðir að afkóðun skilaboðanna er nær eingöngu falin viðtakandanum. Undantekningar eru faglærðir meðferðaraðilar sem geta kafað ofan í innri lög sem ekki einu sinni viðfangsefnið sjálft er fær um að kanna á hlutlægan hátt.

Í flestum tilfellum dreymir engan um að grípa til geðlæknis til að fá aðstoð við að sýna táknmynd samstilltra skilaboða, svo við getum gefið hér almenn ráð sem geta hjálpað okkur.

Hið fyrra felst augljóslega í því að líta ekki á marktækar tilviljanir sem afleiðingar tilviljunar, heldur sem skilaboð sem koma frá æðri Huga sem samhæfir sátt alheimsins og vill hjálpa okkur að vera í jafnvægi, það er að segja að njóta góðs af innri vellíðan.

Annað ráðið er að treysta aðeins eigin dómgreind. Vissulega er eigin dómgreind hæfust og upplýstust til að útfæra innra með sér í leit að merkingu tákna. Tákn eru arfleifð alls mannkyns en á sama tíma eru þau í nánu samræmi við sjálf okkar, menningu okkar og hvernig við sjáum heiminn. Við getum sagt að táknið sé eins og fingurodddurinn: þeir eru milljarðar af þeim og á sama tíma eru engir tveir eins: hvert og eitt hefur sín einstöku og ótvíræða fingraför.

Þriðja ráðið er að vera ekki að flýta sér að eigna merkingu. Oft samanstendur samstilling af nokkrum atburðum sem dreifast yfir tíma. Við verðum að búa til leyniskúffu í huganum þar sem við leggjum skilaboðin sem við skiljum ekki í og í hvert skipti sem við fáum nýja verðum við að bera það saman við öll þau sem ekki hafa enn verið leyst. Þessi æfing getur gefið óvæntar niðurstöður. Ef sérhver forvitnileg tilviljun vekur ákveðna undrun en sleppum því fljótt, þá er hætta á að trufla leið sem þetta var mikilvægt skref í. Reyndar getur samstilling birst á dögum eða mánuðum, eða jafnvel árum, og hver ný merkileg tilviljun getur verið betrumbætur á fyrri.

Við skulum muna að staðurinn sem samstillingar koma frá er oft nefndur „óstaðbundinn", því það er ekki hægt að staðsetja hann hvorki í rúmi né tíma. Á óstaðbundnu stigi eru rúm og tími ekki til og það er vísindalega sannað með skammtaeðlisfræði og nýlegri uppgötvun á fyrirbærinu sem kallast skammtaaflækjur.

Sem viðbót við þetta þriðja ráð mæla margir fræðimenn og höfundar að halda dagbók um „furðulegar tilviljanir". Í þessari dagbók getum við líka skrifað niður merka drauma, þ.e.a.s. þá sem hafa haft mest áhrif á sálarlíf okkar.

Draumar geta haft „samstillt" (eða spámannlegt) gildi þegar dreymdi atburðurinn á sér stað í raun og veru, eða þegar við getum skilið atburð með því að tengja hann við drauminn.

Þrjú stig raunveruleikans.

Samkvæmt því sem útskýrt hefur verið í fyrri köflum kemur fram allt önnur framsetning alheimsins en sú sem við höfum verið vön að íhuga. Auðvitað höldum við öll áfram að sjá heiminn eins og við höfum alltaf séð hann þar sem skilningarvitin fimm sem náttúran gefur okkur eru sérsniðin til að upplifa einmitt þennan heim. Lífsþarfir okkar og lifunarþarfir gera það að verkum að við getum séð, snert, lykt, heyrt og bragðað raunveruleikann í þeirri vídd sem samræmist okkur sjálfum: í raun getum við ekki kannað fjarlægar vetrarbrautir með sjón okkar né getum við rannsakað líf örvera. Við skynjum hvorki lyktina af sprengistjörnusprengingunni né lit sameindanna sem mynda hina ýmsu líkama. Þetta eru aðgerðir sem fara út fyrir grunnþarfir okkar.

Flestar tíðnir framleiða liti og hljóð sem eru ekki sýnileg eða heyranleg fyrir okkur. Snerting og bragð, hversu fágað sem við teljum þau, gera okkur kleift að greina greinilega aðeins á þröngt svið bragða og lyktar.

Við getum sagt að skilningarvitin okkar fimm séu frekar gróf og mjög takmörkuð tæki miðað við hin óendanlega afbrigði sem alheimurinn framleiðir.

Hins vegar höfum við líka tvö önnur skilningarvit. Sjötta skilningarvitið er innsæi, sem gerir okkur kleift að vinna úr upplýsingum sem eru mjög gagnlegar í einföldu daglegu lífi, ef ekki í raunverulegri lifun.

Innsæi er dásamlegt tæki sem vinnur úr reynslu okkar til að gefa okkur hegðunarráð.

Frumstæðir menn "skynjaðu" á eitrun berja eða hættu á skordýrabiti. Þetta gerðu þeir með því að leggja mat á lit þeirra eða lögun „hlutanna“ sem þeir skoðuðu.

Út frá lauslegri athugun á aðstæðum gátu þeir reiknað út meiri eða minni möguleika á áhættu. Í dag notum við innsæi til að meta fólk og tækifæri og oft þökk sé innsæi getum við vantreyst þeim sem vilja blekkja okkur eða treysta þeim sem geta hjálpað okkur. Þannig hjálpar innsæi okkur að greina jákvæðar og neikvæðar hliðar tækifæris og gegnir oft afgerandi hlutverki í ákvörðunum okkar. Vissulega er innsæi ófullkomið tæki, en reynslan hjálpar okkur að betrumbæta það.

Sjötta skilningarvitið hefur náttúrulega ekkert dularfullt, þó að það sé eingöngu byggt á hugsun: upplýsingarnar sem við notum til að móta dóma okkar eru allar í minni okkar og í menningarlegum bakgrunni okkar. Þess vegna er innsæi ferlið algjörlega innra í sálarlífi okkar, en það er líka í samræmi við ytri heim efnisins.

Skammtastig og "non-local" stig

Núverandi vísindi segja okkur í dag að fyrir utan líkamlegt stig sem við skynjum varla, eru tvö önnur stig.
Annað er „subatomic eða quantum" stigið, þ.e. umhverfið þar sem frumefni hreyfast og starfa án þess að gangast undir neinar þær takmarkanir sem varða stórsæp efnisstig. Eins og við höfum séð mynda agnir tengsl án takmarkana á rúmi og tíma. Þessi eiginleiki gefur til kynna tilvist þriðja stigs, sem er ekki staðbundið, sem er ekki gert úr efni heldur orku og upplýsingum. Við getum skilgreint það sem "non-local level".
Það er stigið þar sem allur alheimurinn er tengdur í mikilli flækju og inniheldur allar upplýsingar, það er að segja alla greind sem hefur þroskast frá fyrstu stundu tilveru hans. Þessar upplýsingar eru einnig

studdar af takmarkalausri orku sem gerir það að verkum að þær dreifist hvar sem þeirra er þörf.

Sjöunda skilningarvitið.

Til að fá aðgang að „non-local“ stiginu geta skilningarvitin fimm ekki hjálpað okkur, né innsæi. Við þurfum sjöunda skilningarvit, sem við verðum að byrja að þróa. Þó að sjötta skilningarvitið komi okkur til bjargar með því að vinna úr þeim upplýsingum sem við höfum safnað vandlega með daglegri reynslu okkar, getur sjöunda skilningarvitið gert okkur kleift að komast í snertingu við gríðarlega ríkari innstæðu, alla upplifun alheimsins. Af þessari vörslu koma fyrirboðar, framtíðarsýn og alls kyns fyrirbæra sem við köllum utanskynjun..
Hverri siðmenningu, sérhverri heimspeki og sérhverri trúarbrögðum hefur alltaf verið spáð fyrir um hversu mikil staðsetning ekki er og í dag höfum við sönnun fyrir tilvist þess. Við vitum líka að „æðra greind“ hefur umsjón með virkni „ó-staðbundins“ veruleika. Í raun myndi enginn trúa

því að "ó-staðbundinn" veruleiki geti stjórnast af tilviljun.

Frá „non-local“ stigi fáum við mikið af skilaboðum. Þær eru oft táknrænar og við eigum í erfiðleikum með að ráða þær, en hugsanlegt er að mannkynið muni fljótlega geta komið sér upp hærra skilningsstigi.

Allir geta kallað „non-local“ stigið með því nafni sem þeir kjósa: Universal Mind, Global Mind, World of Ideas, Mind of the Universe, Collective Unconscious, Non-locality, Tao, Atman, God, Heilagur andi. Við vitum að það er til og við vitum að frá þessari „æðstu stofnun“ koma gagnleg hjálpartæki til uppvaxtar einstaklinga og þroska alls mannkyns. Við höfum kallað þessi hjálpartæki "verulegar tilviljanir" eða "samstillingar", en allir geta kallað þau það sem þeir vilja: dularfulla innblástur, spádóma, opinberanir, kraftaverk.

Við vitum kannski aldrei hvað við erum að tala um, en það sem skiptir máli er að í fortíðinni vísuðum við í fortíðina til þokukenndra tilgátna, án vísindalegrar staðfestingar. Þess í stað erum við í dag að tala af meira öryggi og vissu um hærra stig, andlegt eða sálrænt, sem er í raun til.

Bibliografia

Acheson David # One thousand eighty-nine and other magic numbers.
Aguirre Anthony # Zen and Multiverses
Allen Steve # Deceptions of logic
Ambesi Alberto # Panteismo
Amir Dan Aczel #Entanglement. The greatest mystery of physics.
Amir Dan Aczel # The Mystery of the Alef
Amir Dan Aczel # The God Equation
Anderl Sybilla # The universe and me. A philosophy of astrophysics
Angier Natalie # The canon of science. Guided tour from the infinitesimal to infinity for enthusiastic beginners...
Anthes Emily # Quick Guide for Brainiacs: The Mind
Armstrong David # What is metaphysics
Asimov Isaac # The Physics Book
Asimov Isaac # In the beginning. The book of genesis interpreted.
Asimov Isaac # The invisible universe
Baker Stephen # The secret power of mathematicians
BakerJoanne # Quantum Physics. 50 great ideas
Barbour Julian # The point of Janus. A new theory of time
Julian Barbour # The End of Time.
Barrow, Tipler # The anthropic principle.
Barrow John David # 1+1 does not (always) do 2

.

Barrow John David # From the Self to the Cosmos
Barrow John David # The numbers of the universe

Barrow John David # The Book of Universes. Complete guide to possible universes
Barrow John David # The mono within the world
Barrow John David # Infinity
Barrow John David # The universe as a work of art
Barrow John David # The Pictures of Science
Barrow John David # The Origins of the Universe
Barrow John David # Why is the world mathematical?
Beitman Bernard # Messages of coincidences.
Bergson Henri # Essay on the immediate data of consciousness
Berkeley George # Philosophical Works
Berti Enrico # History of metaphysics
Bocchi G, Ceruti M. # Origins of stories
Bodanis David # $E=mc^2$. Biography of the equation that changed the world
Bogdanov Igor # Before the Big Bang. The origin of the universe
Bohm - Khrisnamurti # Where time ends
Bohm - Khrisnamurti # The limits of thought
Bōhm Conrad # The Keys of the Cosmos
Bohm David # Universe Mind Matter
Brockmn John # That's not true but I believe it
Bruno Giordano # Of the infinite universe and worlds
Bryson Bill # A Brief History of (Almost) Everything
Burgin Luc # Errors of science
Cambray Joseph # Synchronicity. Nature and psyche in an interconnected universe.
Campbell, Joseph # Dee. The mysteries of the divine feminine
Campbell, Joseph # The Inner Reaches of the Cosmos. The metaphor in myth and religion
Capra F. Luisi P.L. # Life and nature. A systemic view.
Goat Fritjof # The turning point
Goat Fritjof # The Tao of Physics.
Goat Fritjof # The science of life
Goat Fritjof # Towards a new wisdom
Cattabiani Alfredo # Planetarium
Cederquist John # Coincidences don't exist.
Cesati Cassin Marco # Non siamo qui per caso. Il potere delle coincidenze.
Chandrasekhar Sub. # Truth and beauty. The reasons for aesthetics in science.
Close Frank # Theories of everything

Scatti Monica # Buchi neri evanescenti
Coppens Yves # The construction of prehistory
Couliano Joan # The journeys of the soul
Coustè Alberto # Brief history of the devil
Currivan Jude # The Cosmic Hologram
D'Ancona Vittorino # Greek mythology
Damasio Antonio # Emotion and conscience
Damasio Antonio # Descartes' error. Emotion, reason and the human brain
Dask Mike # Beyond Borders
Davies Paul # How to build a time machine
Davies Paul # God and the new physics
Davies Paul # The last three minutes
Davies Paul # The Mysteries of Time. The universe after Einstein
Davies Paul # The Intelligent Cosmos
Davies Paul # The fleeing universe
Davies Paul # The Mind of God
Davies Paul # Are we alone?
De Santillana Giorgio, Von Dechend Hertha # Hamlet's mill. Essay on myth and the structure of time.
Du Sautou Marcus # The perfect mess
Du Sautou Marcus # The Million Dollar Equation
Du Sautou Marcus # The impossible theories. What are the limits of science?
Dumezil Geoges # Archaic Roman religion
Albert Einstein # Albert Einstein. Relativity and new physics
Einstein Albert # The world as I see it
Einstein Albert # Thoughts, ideas, opinions
Einstein, Infeld # The evolution of physics
Ekelan Ivar # Chaos
Facchini- Magnani # Myths and rites of prehistory
Faggin Federico # Irriducibile, Conscience, life, computers and our nature
Faggin Federico # Silicon
Falletta Nicholas # The Book of Paradoxes
Federrici Vescovini G. # Magico Medioevo
Ferris Timothy # The Adventure of the Universe. From Aristotle to quantum theory and beyond: a never ending story
Albertini Foundation # Prove e indizi dell'aldilà
Andrea Sardos Foundation # Prove e indizi dell'aldilà. Il caso Andrea
Ford Kenneth # The quantum world. Quantum physics

Franks E.M. # Carl Jung's theory of psychological types
Fraser J. T. # Time: an unknown presence
Frazer James # The golden branch
Friedman Richard # Who Wrote the Bible?
Gallippi Angelo # Federico Faggin. Il padre del microprocessore
Gamow George # Gravity
Gamow George # The Adventures of Mr. Tompkins. Daedalus Editions
Gamow George # New World of mr. Tompkins. Zanichelli
Gamow George # Thirty Years That Shocked Physics
Giacomelli Giorgio # Dal quark al big bang
Giuliodori Lucio # Sul concetto di sincronicità: Jung tra psicoanalisi e quantismo
Giuliodori Lucio # Tra fisica e metafisica. Alcune implicazioni
Atlanti Giunti # Geografia generale, astronomia e cartografi
Gleick James # Chaos. The birth of a new science
Goldman Jane #Xfiles. The Book of Incredible Facts
Goswami Amit # Quantum Guide to Enlightenment. Mediterranean Editions
GrazianoMichael # Rethinking conscience
Grecchi Vittorio # The brain field lies
Greek Peter # The origin of the universe
Greene Brian # Until the end of time. Mind, matter and the search for meaning in an ancient universe
Greene Brian # The elegant universe. Superstrings. hidden dimensions and the search for the ultimate theory.
Greene Brian # The Elegant Universe
Greene Brian # The Hidden Reality
Greene Brian # The hidden reality - parallel universes and profound laws of the cosmos. Philosophies of sciences
Greene Brian # The plot of the cosmos. Space, reality.
amazing things happen every day
Harner Michael # The Way of the Shaman
Harrison Edward # The Masks of the Universe
Hawking - Penrose # The nature of space and time
Hawking Heckler # The Grand Design.
Hawking -Mlodinov # From the Big Bang to black holes. Brief history of the universe. Mondadori
Hawking Stephan # Holes nr and newborn universes
Hawking Stephen # The universe in a nutshell. Oscar Saggi Mondadori.

Hawking Stephen # The Great History of Time. Mondadori
Stephen Hawking # The Theory of Everything. Origin and destiny of the universe. Mondadori.
Hawking Stephen # Gazing up at the stars
Heckler Richard # Coincidences
Heidegger, Martin # What is metaphysics?
Heidegger, Martin # The concept of time
Heisenberg Werner # Physics and Philosophy
Hermann Greta # Physics and philosophy
Higfield, Roger # The Science of Henry Potter
Hillman, James # The Soul Code
Huxley Aldous # Brave New World. Back to the new world.
Jaffè Aniela # Dreams, prophecies, apparitions
Jaynes Julian # The Breakdown of the Bicameral Mind and the Origin of Consciousness
Johnson Steven # Where great ideas are born. Natural history of innovation
Joseph Frank # The Power of Coincidences. The meeting point.
Jou David # Rewrite Genesis. In search of the mathematical formula of creation
Jung Carl # Animus and anima
Jung Carl # Experience and mystery
Jung Carl # The Red Book. Liber novus.
Jung Carl # Jung speaks Interviews and meetings
Jung Carl # The analysis of dreams. The archetypes of the unconscious. The synchronicity.
Jung Carl # The ego and the unconscious
Jung Carl # Man and his symbols
Jung Carl # The psychic dimension. Collection of writings.
Jung Carl # Psychology of the unconscious
Jung Carl # Memories and reflections.
Jung Carl # Psychological types
Kaku Michio # The future of humanity
Kaku Michio # Hyperspace
Kaku Michio # The divine equation
Kane Gordon # The Garden of Building Blocks. Longanesi
Karsenti Eric # A Brief History of the Origins of Life. From the cell to the human being, the most beautiful story ever told: ours
Kauffman Stuart # Reinventing the sacred
Krauss Lawrence # The Universe from Nothing
Krauss Lawrence # The Physics of Star Trek

Kumar Manjit # Quantum. From Einstein to Bohr, a new idea of reality.
Kundera Milan # Immortality
Kung Hans # Chinese Christianity and Religiosity.
Lanza R. + Herman # Biocentrism
Lanza Robert # The grand biocentric design
Lanza Robert # Beyond biocentrism
Laszlo Erwin # Science and the Akashic Plan
LaszloErvin # The Immortal Mind
Ledoux Joseph # The emotional brain
Licata Ignazio # Observing the Sphinx. DiRenzo Publisher.
Lindley David # Einstein's moon
Lipton Bruce # The Biology of Belief
Lurker Manfrd # Dictionary of Biblical Pictures and Symbols
Massimini Tononi # Nothing greater
Mavaldi Marco # The two heads of the tyrant. Mathematical methods for freedom
McTaggart Lynne # The secret force of the universe. The zero point field
McTaggart Lynne # The Bond. The quantum link
Mecacci Luciano # Identikit of the brain
Michell John # Astroarchaeology
Mullis Kary # They dance naked in the field of mind
Musso Paolo # Science and the idea of reason. Science, philosophy and religion from Galileo to black holes and beyond.
Muzzio Publisher # Caos. Una scienza per il mondo reale
Nagel Thomas # A very short introduction to philosophy
Neumann Erich # History of the origins of consciousness
Nietzsce # Beyond good and evil
Nietzsche Friedrich # Thus Spoke Zarathustra
New Syntheses # Galileo Newton Einstein
O'Keane Veronica # The Bazaar of Memory. How we build memories and how memories build us
O'Regan J. Kevin # Why colors don't play. A new theory of consciousness
Pauli Wolfgang # Psyche and nature
Pearson Carol S. # The hero within us
Peat David # The Paths of Chance
Peat David # Synchronicity. A union between matter and psyche. Magi Editions

Peiretti Federico # Il matematico si diverte. Duecento giochi e puzzle che hanno fatto la storia della matematica
Pellegrini Massimo # Fisica quantistica per principianti
Penrose Roger # The Universe is still a secret
Penrose Roger # The Emperor's New Mind
Penrose Roger # The road that leads to reality
Perconti Pietro # Conscience. Philosophical lexicon
Pichot André # The birth of science. Mesopotamia, Egypt, Ancient Greece
Pim van Lommel # Consciousness beyond life
Pinotti-Baccarini # Italia esoterica
Popper Karl # The ego and its brain. Armando Publisher.
Powell Arthur # The astral body and related phenomena
Prattico Franco # From chaos… to conscience
Privitera Agata # MBT The Myers-Briggs theory and the 16 personalities
Proverb Edward # Archaeoastronomy
Radin Dean # Interconnected Minds. Psychic phenomena explained by quantum physics.
Ramorino Felice # Classic mythology illustrated
Randall Lisa # Curved passes. The mysteries of the hidden dimensions of the universe
Ranucci Stefano # Physics of the other world. When consciousness and quantum physics explain the paranormal
Reda Giuseppe # Energy and its forms of existence
Reeves Hubert # Cosmic Evolution
Regge Tullio # Infinity
Renn Jurgen # The evolution of knowledge
Rey Olivier # Itineraries of bewilderment. What if science were a great metaphysical enterprise?
Rezzolla Luciano # The irresistible attraction of gravity. Journey to the discovery of black holes
Robinson Richard # Why does toast always fall buttered side up? The brilliant scientific explanation of Murphy's Laws
Rodriguez Pepe # God was born a woman
Rowan Robinon # The nine numbers of the cosmos. The origin and nature of our universe
Rucker Rudy # The Fourth Dimension. A guided journey into higher order universes
Russel Bertrand # Dictionary of physical and moral logic
Russo Lucio # The forgotten revolution. Greek scientific thought

Russo Michele # Is life a "case" of matter?
Essay Isabella # Age, if any
Sale Musio Carla # Communicating with those who no longer have a body
Sarle John # The Mystery of Conscience
Schoch Robert # The voice of the stones. Lost civilizations
Searle John # The mind
Sheldrake Rupert # The Extended Mind. Hooray.
Sheldrake Rupert # The illusions of science. Hooray.
Siegfried Tom # The Number of Heavens. A story of the multiverse and the quest to understand the cosmos
Sigman Mariano # The Secret Life of the Mind. How our brain works when it thinks, feels, decides
Singer Charles # A Brief History of Scientific Thought
Sissa ISAS laboratories # Chaos and complexity
Smith Michael # Jung and shamanism.
Smolin, Lee # Einstein's Unfinished Revolution. The search for what is there
Sorensen Roy # Philosophical Wonder Room
Sparzani and Panepucci # Jung e Pauli. La corrispondenza originaria:
Stanzani Maserati # Consciousness and meaning
Stapp Henry# Quantum Theory and Free Will. Springer International Publishing.
Stavros Joshua # Shamanism
Stein Murray # The principle of individuation. Towards the development of consciousness
Stenger Victor # Why Science Doesn't Believe in God. Faith's Lost Challenge to Reason
Styer Daniel # Really understanding relativity. Discovering Einstein's theory
Sun-Tzu # The Art of War
Surace Graziano # The Quantum of Challenge
Surprise Kirby # Sincronicità. Comprendere e utilizzare coincidenze significative
Talbot Michael # All is one. Feltrinelli
Teodorani Massimo # Bohm. The physics of infinity.
Teodorani Massimo # Entanglement. The entanglement in the quantum world: from particles to consciousness.
Teodorani Massimo # The great celestial numbers
Teodorani Massimo # The atom and the elementary particles. Macro Editions

Teodorani Massimo # The creative mind. From the physical universe to intelligent life. Macro Editions.
Teodorani Massimo # Telling the universe. Popular introduction to astrophysics
Teodorani Massimo # Synchronicity. The link between physics and psyche. From Pauli to Jung to Chopra.
Teodorani Massimo # Teleportation
Teodorani Massimo # Tesla. A brillant idea
Tesla Nicola # My inventions. The autobiography of a genius
Tesla Nikola # On increasing human energy
Frank Tipler # The physics of immortality. Double day.
Tong Ziya # When you look at the world and you don't see it
Toni Paolo # Mathematical sparks. Games and competitions of creativity and logic
Tononi Edelman # A universe of consciousness
Tononi Giuio # PHI A journey from the brain to the soul
Vaas Rudiger # Hawking. Universe, space, time
Vacca Roberto # You too are a mathematician
Vafa Cumrun # Puzzles to decipher the world
Vassallo Nicola # Philosophies of the sciences
Vidali Paolo # History of the idea of nature. From Greek Thought to Anthropocene Consciousness
Vincenzo Lorenzo # Enlightenment.
Vitebski Piers # Shamans
Von Franz Marie-Louise # Divination and synchronicity. Psychology of significant coincidences
Von Franz Marie-Louise # Fairy tales interpreted
Von Franz Marie-Louise # Psyche and matter
Von Franz Marie-Louise-ok # Psychological typology. The functions of consciousness: thinking and feeling, intuition and sensation
White John # The meeting of science and spirit. Publishing Practices.
Widmann Claudio # Introduction to synchronicity. Magi Editions.
Widmann Claudio # Synchronicities and significant coincidences. Magi Editions.
Wiener Anna # The dark valley
Wigner Eugene # The unreasonable efficacy of mathematics in the natural sciences
Wilber Ken # Quantum Issues
Wilson Edward # Wonderful Harmony
Wolf Fred # Time loops and space twists. How God created the universe. Find out why space, time and matter are closely connected

Wolke Robert # To his barber Einstein told it like this. Daily life and scientific questions
Zeilinger Anton # Einstein's Veil
Zeilinger Anton # The dance of photons
Wandering Dionysus
Zoppi Giorgi0 # Cosmology with six difficulty levels

Lokið við prentun í júní 2023

Bruno Del Medico, bloggari, rithöfundur, ítalskur útgefandi, sérhæfði sig í miðlun mála sem tengjast samfélagslegum dægurmálum og nýjum landamærum vísinda. Hann er höfundur margra texta sem tengjast nýlegum heimsfaraldri. Del Medico gefur út röð bóka sem sérhæfðar eru í skammtaeðlisfræði og frumspeki.

www.ingramcontent.com/pod-product-compliance
Lightning Source LLC
LaVergne TN
LVHW051119051026
849532LV00004BB/1605
* 9 7 9 8 2 2 3 1 3 7 9 8 6 *